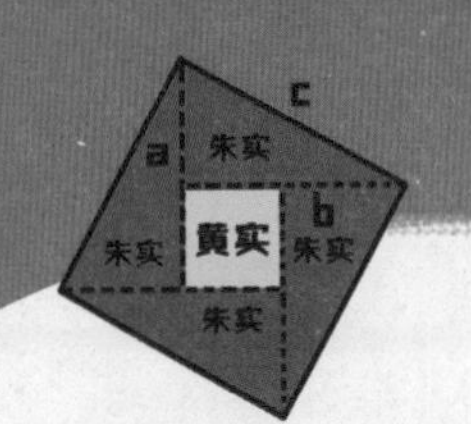

U0157494

疯狂的十万个为什么系列

小笨熊 这就是 $\sqrt{49}$ 数理化 ②

崔钟雷 主编

# 数学：运算与命题

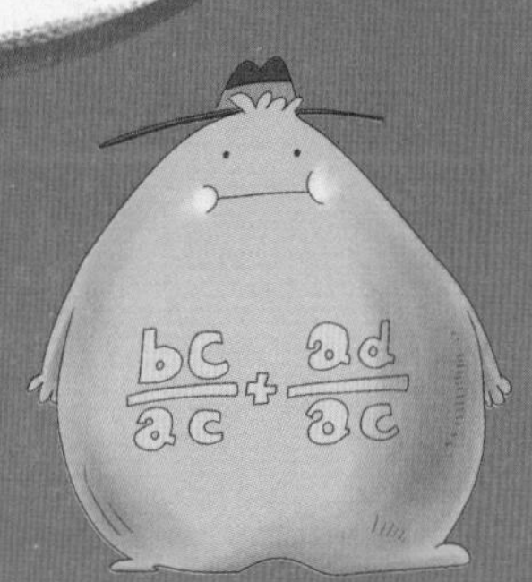

黑龙江美术出版社

# 杨牧之

国务院批准立项 国家重大出版工程 《中国大百科全书》总主编

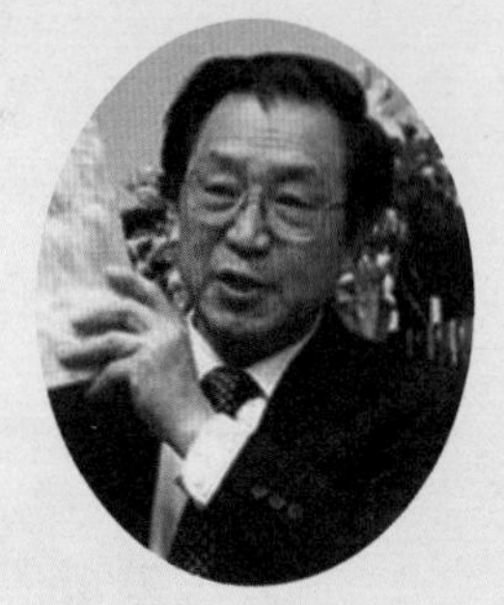

1966年毕业于北京大学中文系，中华书局编审。曾经参与创办并主持《文史知识》（月刊）。1987年后任国家新闻出版总署图书司司长、副署长。第十届全国人大代表、教科文卫委员会委员。现任《中国大百科全书》总主编、《大中华文库》总编辑、《中国出版史研究》主编。

崔钟雷主编的"疯狂十万个为什么"系列丛书、百科全书系列丛书，是用中国价值观、中国人喜闻乐见的形式，打造的送给孩子们的名家彩绘版科普读物。我祝贺它们的出版。

杨牧之
2018.1.9
北京

## 编委会

总 顾 问：杨牧之

主 编：崔钟雷

编委会主任：李 彤 刁小菊

编委会成员：姜丽婷 贺 蕾
　　　　　　张文光 翟羽朦
　　　　　　王 丹 贾海娇

图书设计：稻草人工作室

▪ 崔钟雷
2017年获得第四届中国出版政府奖"优秀出版人物"奖。

▪ 李 彤
曾任黑龙江出版集团副董事长。
曾任《格言》杂志社社长、总主编。
2014年获得第三届中国出版政府奖"优秀出版人物"奖。

▪ 刁小菊
曾任黑龙江少年儿童出版社编辑室主任、黑龙江出版集团出版业务部副主任。2003年被评为第五届全国优秀中青年（图书）编辑。

目录

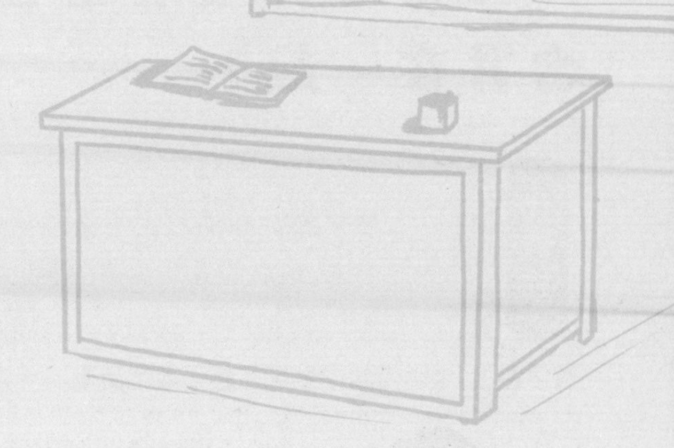

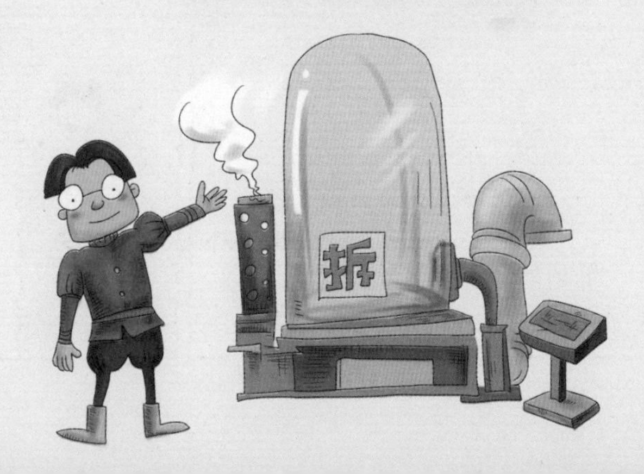

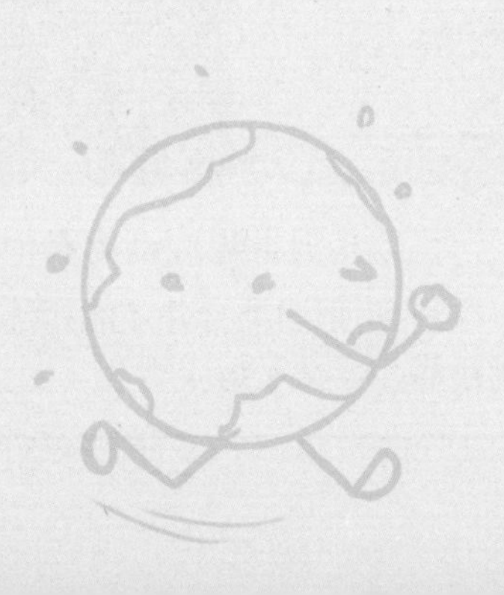

# 如何将同类项快速准确地合并在一起？

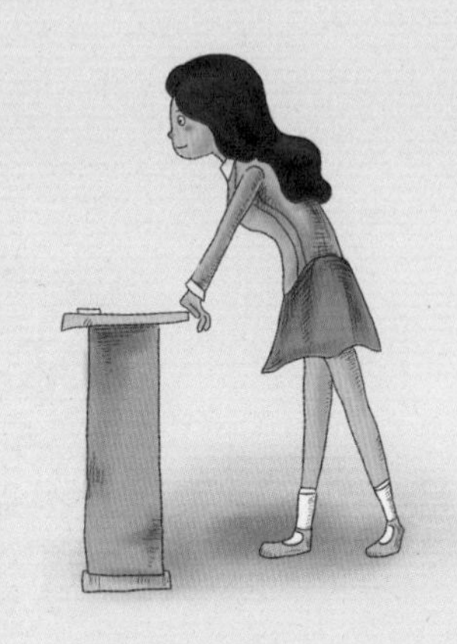

**代数式**

用运算符号把数或表示数的字母连接起来，形成的式子称为"代数式"。

数学课上，老师带领学生玩儿起了数字游戏。

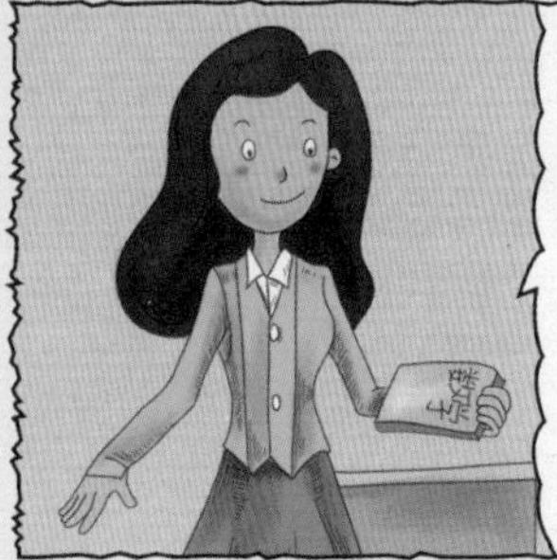

第一排的同学报出一个 10 以内的数字，第二排的同学报出这个数的 2 倍，第三排同学再将这个数字平方，第四排再加 2，第五排再减 8，最后一个同学说出答案，看哪组最快。

假设第一排同学报出的数是 a，按照规则把每一步骤写到一个小表达式中，就变成了一个通用的式子：$(2a)^2+2-8=4a^2-6$，这个式子就叫作"代数式"。

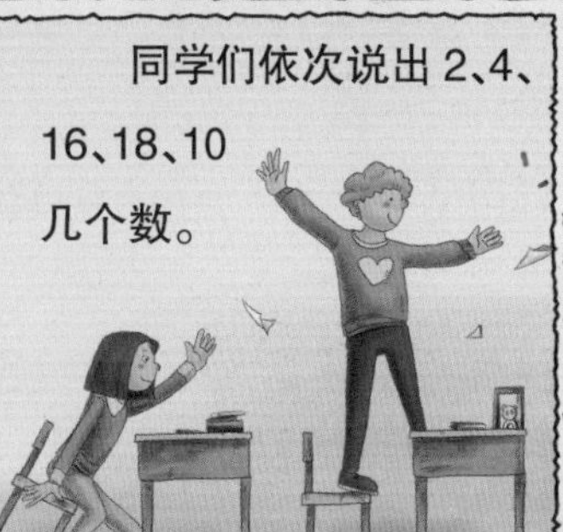

同学们依次说出 2、4、16、18、10 几个数。

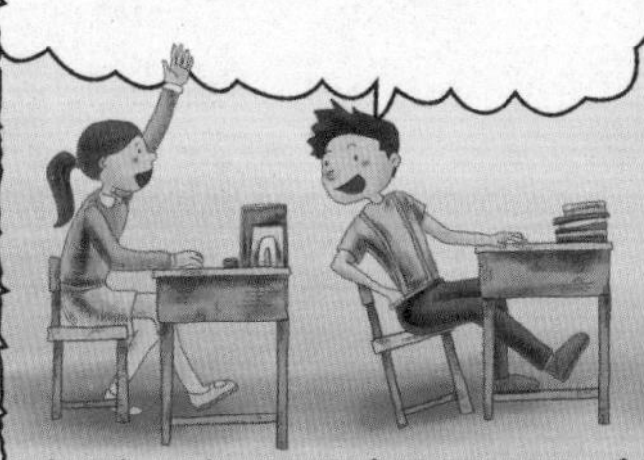

老师，要怎么检验最后的答案是否正确呢？

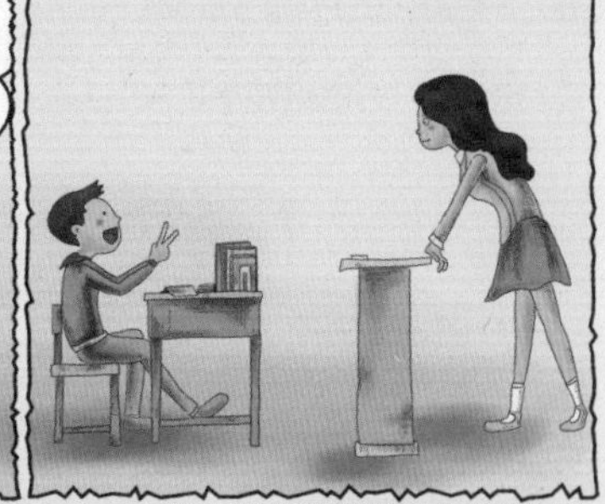

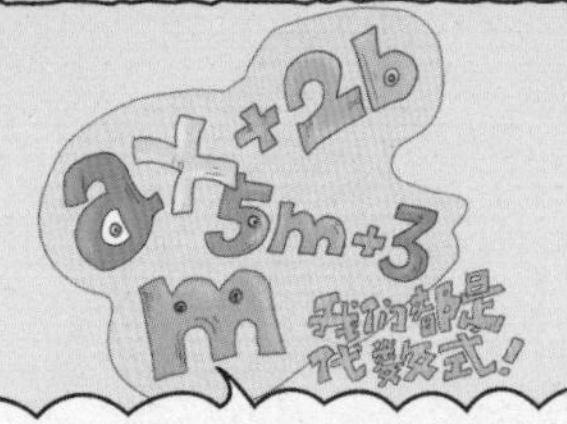

单独的数字或者字母也是代数式，所以不要把我排除在外。

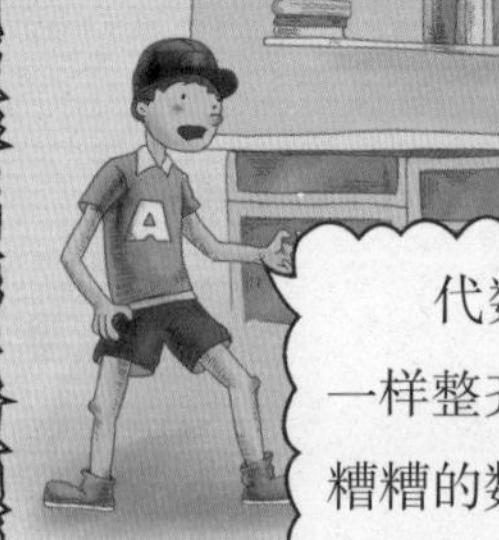

代数式的世界应该像衣柜一样整齐，把同类合并才能让乱糟糟的数字和平相处。

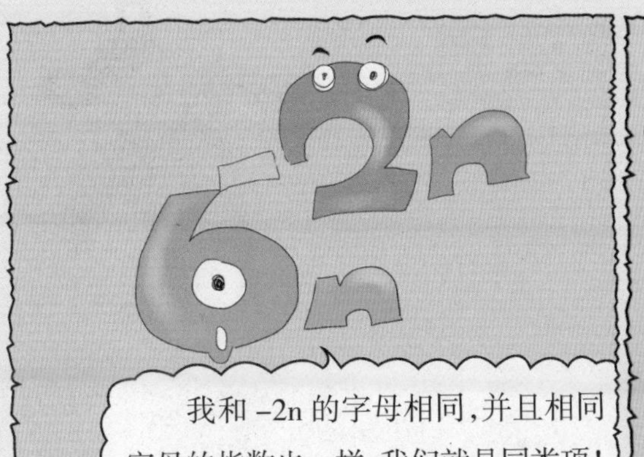

我和 −2n 的字母相同,并且相同字母的指数也一样,我们就是同类项!

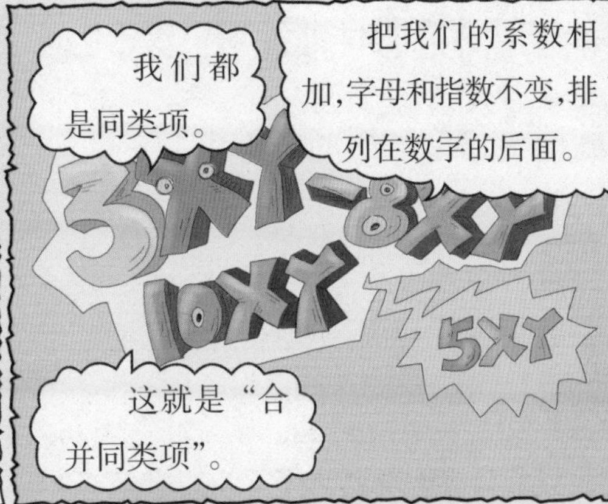

我们都是同类项。

把我们的系数相加,字母和指数不变,排列在数字的后面。

这就是"合并同类项"。

我们都是被施了魔法的兔子。

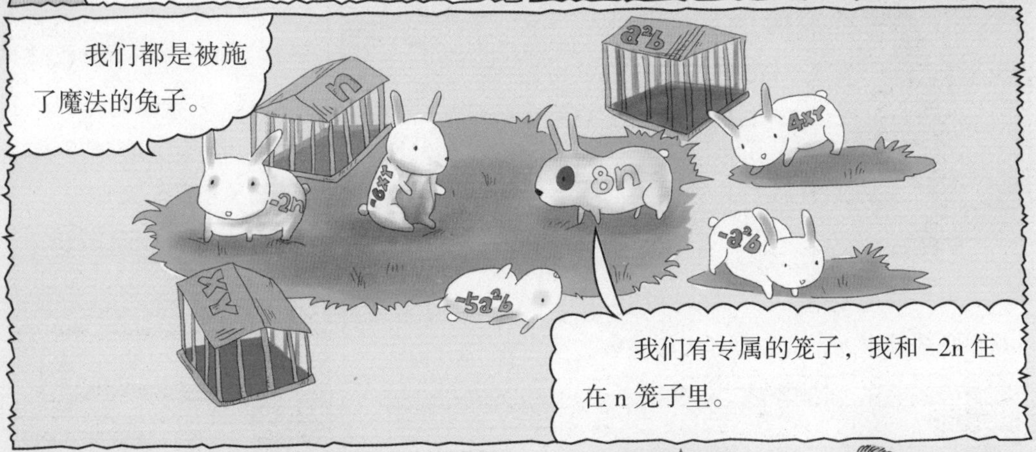

我们有专属的笼子,我和 −2n 住在 n 笼子里。

8n 小兔子和 xy 笼子中的兔子不属于同一类,所以它们打架伤得很严重。

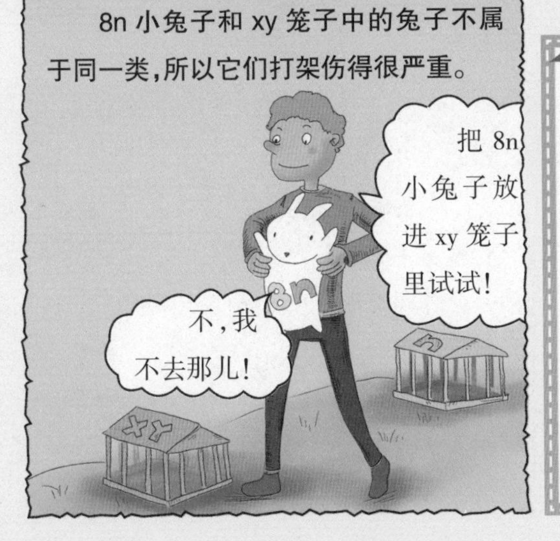

把 8n 小兔子放进 xy 笼子里试试!

不,我不去那儿!

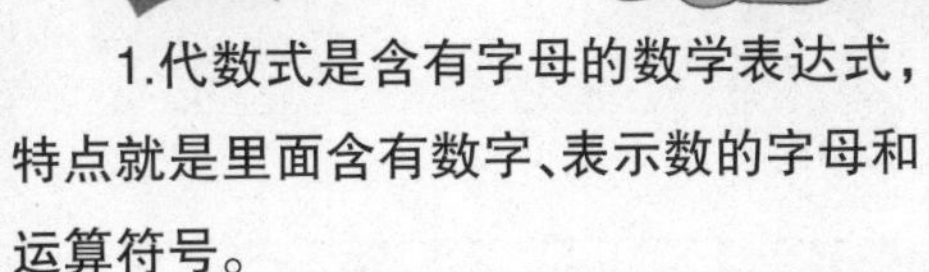

疯狂的小笨熊说

1.代数式是含有字母的数学表达式,特点就是里面含有数字、表示数的字母和运算符号。

2.所含字母相同,并且相同字母的指数也相同的项,叫作"同类项"。把同类项合并成一项叫作"合并同类项"。在合并同类项时,我们把同类项的系数相加,字母和字母的指数不变。

# 整式的加减乘除运算法则是什么？

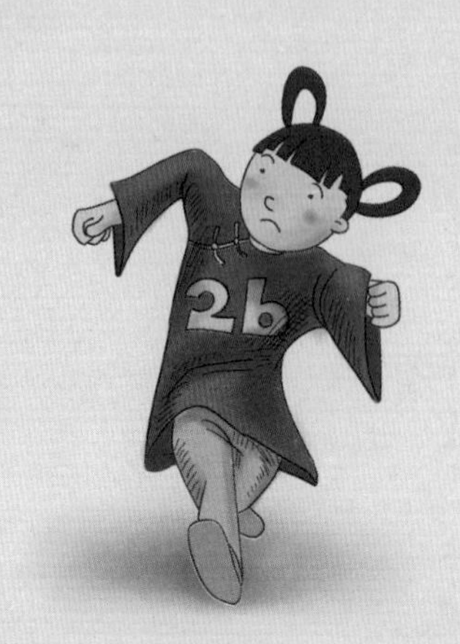

整式

单项式与多项式统称为"整式"。

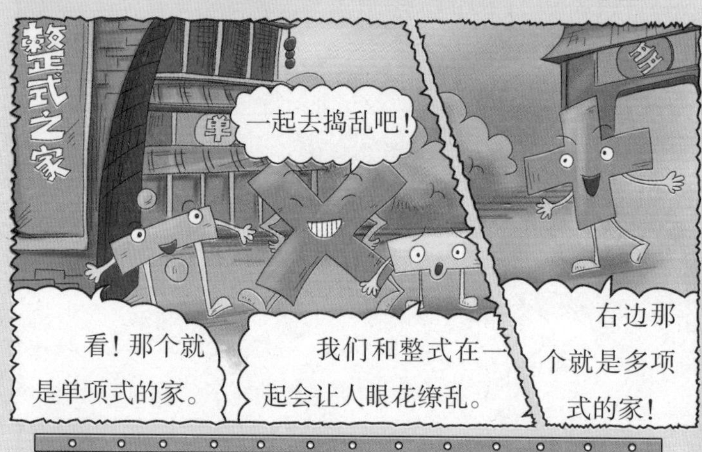

一起去捣乱吧！

看！那个就是单项式的家。

我们和整式在一起会让人眼花缭乱。

右边那个就是多项式的家！

数和字母的乘积或者单独的数和字母都是"单项式"，几个单项式的和为"多项式"。

我们家族的成员是数字和字母的乘积所组成的代数式，单独的数字和字母也是单项式，像 –8、3a 和 2xy 都属于我们家族。

单项式究竟是什么呢？

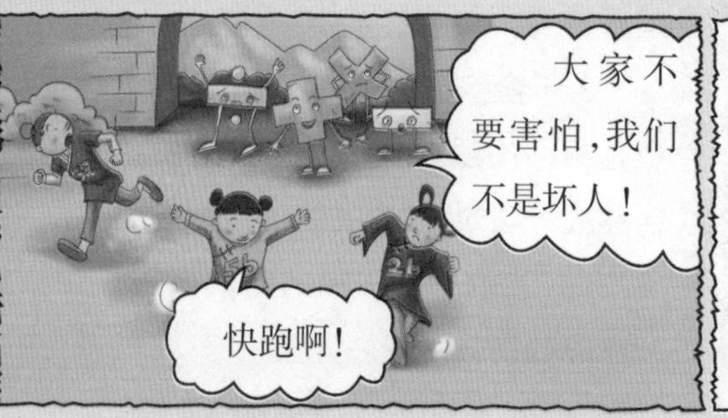

大家不要害怕，我们不是坏人！

快跑啊！

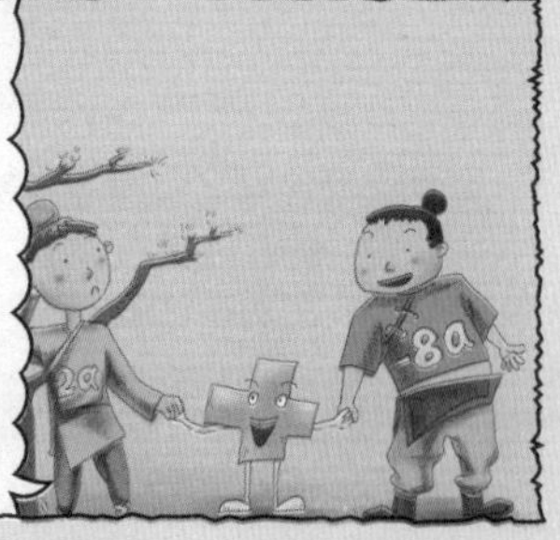

整式相加减就是合并同类项，我们尾巴相同，只需要把前面的数字相加就行了，所以是 –6a。

整式的加减运算

法则：几个整式相加
减，如果遇到括号先去
括号，再合并同类项。

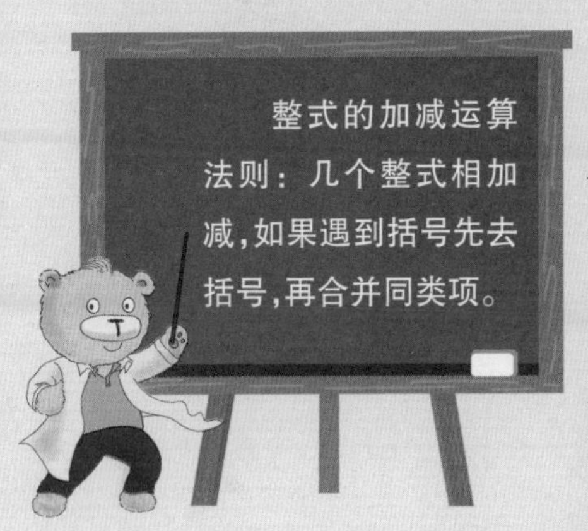

你们算算我在中间是多少啊。

首先把我们配对，然后，我不会了……

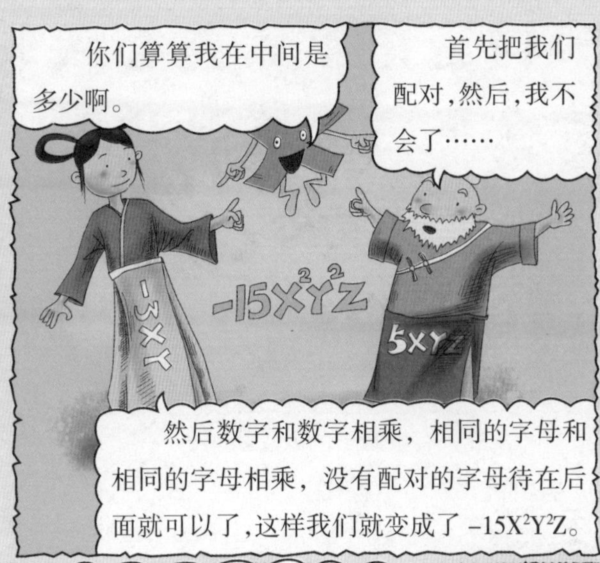

然后数字和数字相乘，相同的字母和相同的字母相乘，没有配对的字母待在后面就可以了，这样我们就变成了 $-15X^2Y^2Z$。

几个单项式相加组成的代数式叫作"多项式"。一个多项式中，次数最高的项的次数就是这个多项式的次数。

哈哈，我把你们变成多项式啦！

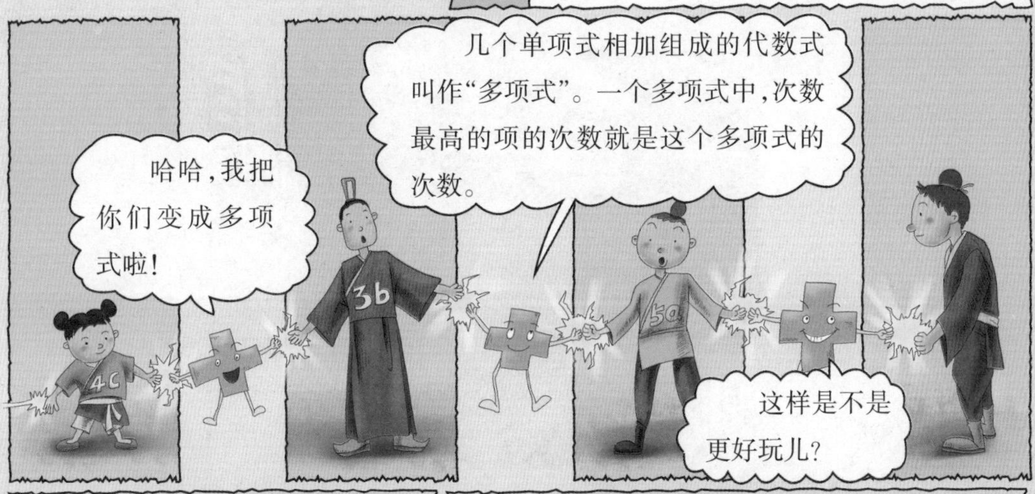

这样是不是更好玩儿？

$$(a+b) \times (c+d) = ac+ad+bc+bd$$

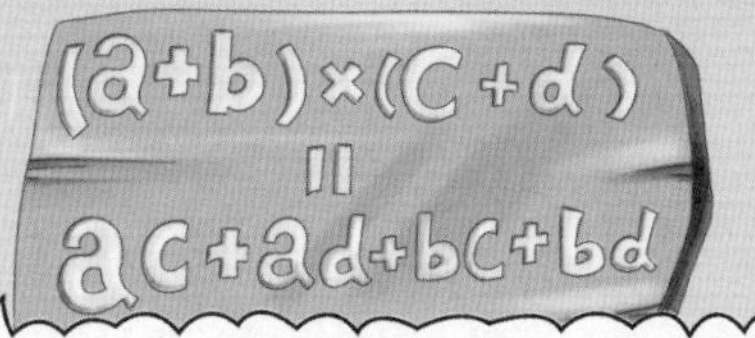

多项式的乘法要记住，每一个括号是一个小团体，小团体的成员要和其他括号里的成员挨个相乘以示友好，然后再把乘积相加。

单项式 3a 和多项式 a+b 相乘。

你们都要和我相乘！

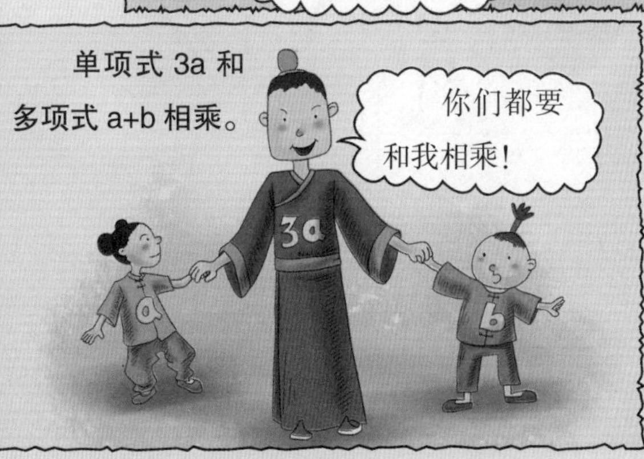

# 如何运用平方差公式和完全平方公式种地？

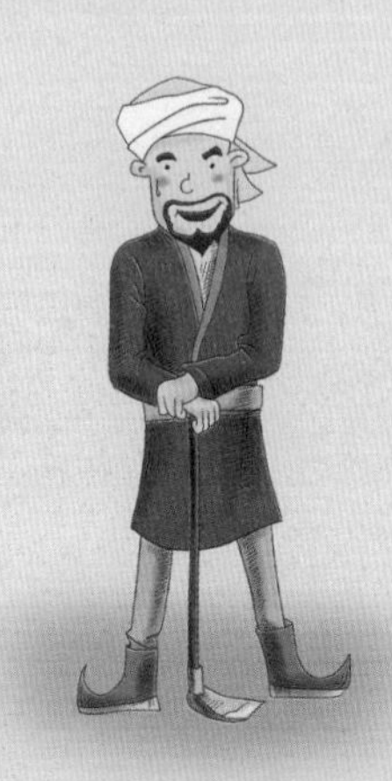

**两个公式**

平方差公式：$(a+b)(a-b)=a^2-b^2$。
完全平方公式：$(a+b)^2=a^2+2ab+b^2$；
$(a-b)^2=a^2-2ab+b^2$。

从前，有位姓王的老汉租了一块地。

今年咱们的租金依旧和去年一样，就是地的位置得变一下。

王老汉

庄园主

虽然一面减少了 5 米，但是另一面增加了 5 米，没有吃亏。

你上当了，爷爷，咱家的地少了！

怎么可能少了呢？

假设王老汉的地是个边长为 a 的正方形，面积则是 $a^2$。现在狡猾的庄园主把一边割去 b，在另一边补上 b，那么王老汉家的地就变成了一个长和宽分别是 a+b 和 a-b 的长方形，面积就变为 $(a+b)(a-b)$ $=a^2-ab+ab-b^2=a^2-b^2$。

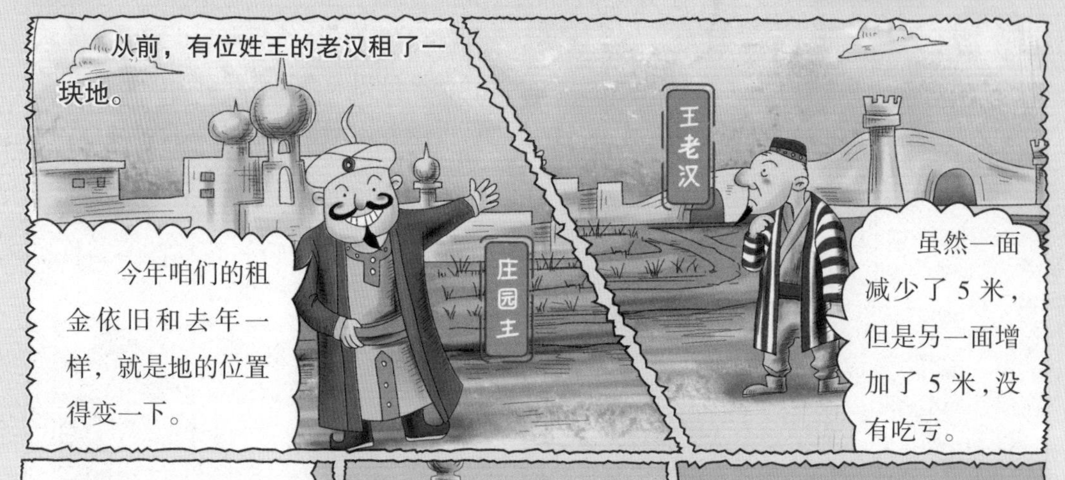

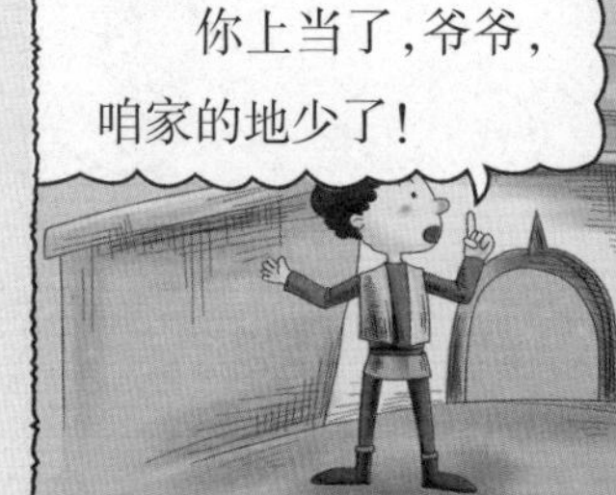

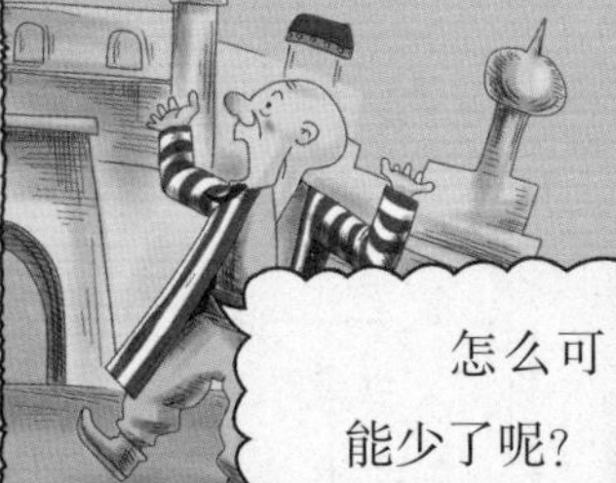

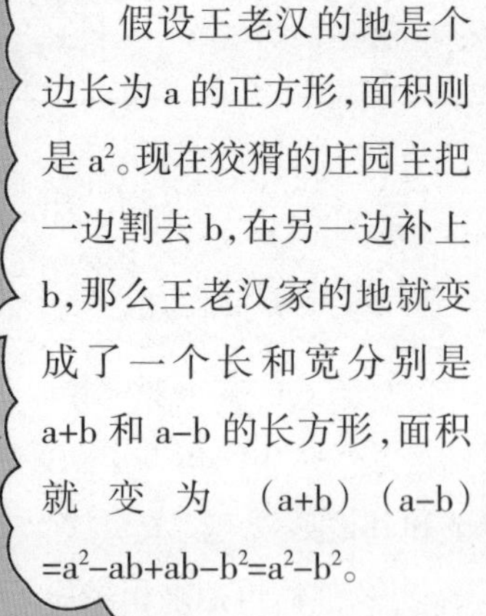

所以庄园主割去多少米，王老汉的地的面积就少了多少米的平方。

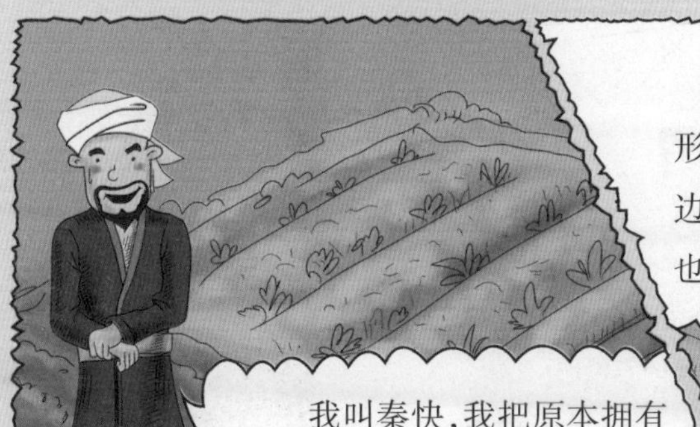

我叫郝懒，我把原本边长为 a 的正方形土地的每一边都割去 b，这样土地就变为边长为 a–b 的正方形，我就能少种点儿地，也不至于那么累了。

我叫秦快，我把原本拥有的一块边长为 a 的正方形土地每边都扩大到 a+b，那么我一定会收获更多的庄稼！

平方差公式：
$(a+b)(a-b)=a^2-b^2$。

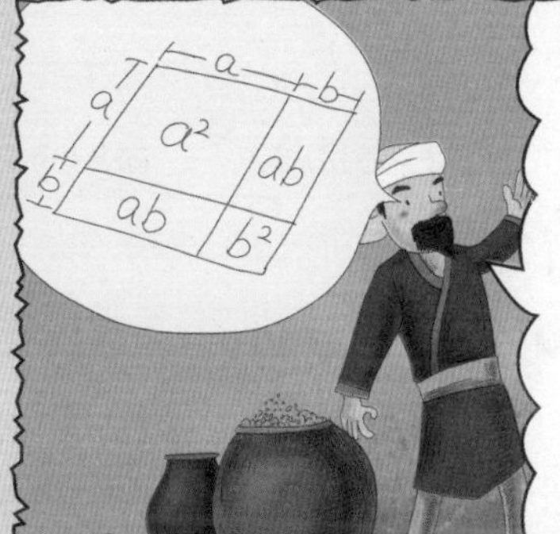

我扩充了土地，收获了比去年多三部分的土地，其中两部分的面积是 ab，所以加在一起是 2ab，另一小部分的面积是 $b^2$，因此今年地的面积变成 $a^2+2ab+b^2$。真是个丰收年！

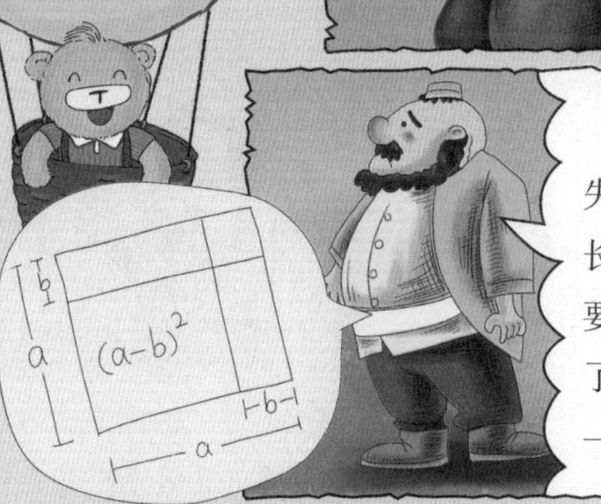

我为了偷懒把地的边长缩减成 a–b，就损失了两块面积为 ab 的地，幸好中间有一块边长为 b 的正方形地重复了，还要再把它加上，要不我的地就更少了，今年收成的面积就变成了 $a^2-2ab+b^2$。还是勤快一点儿好！

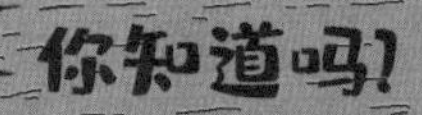

你知道吗!

平方差公式是多项式乘法 $(a+b)(p+q)$ 中 p=a,q=–b 的特殊形式。

# 整式王国的舞会
# 怎样才能顺利举行？

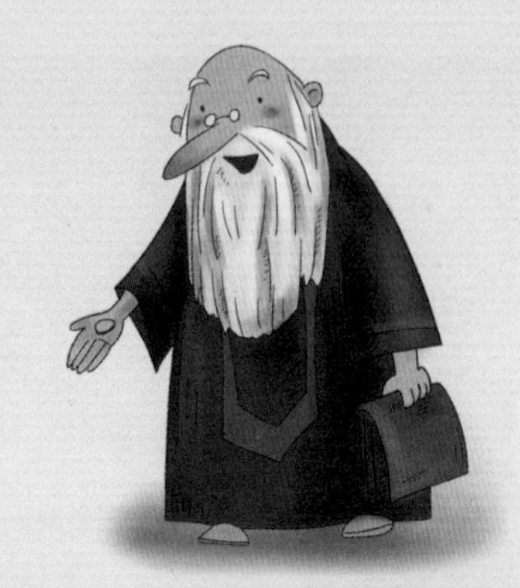

**分解因式**　　把一个多项式化成几个整式积的形式,这种变化叫作"因式分解",也叫作把这个多项式"分解因式"。

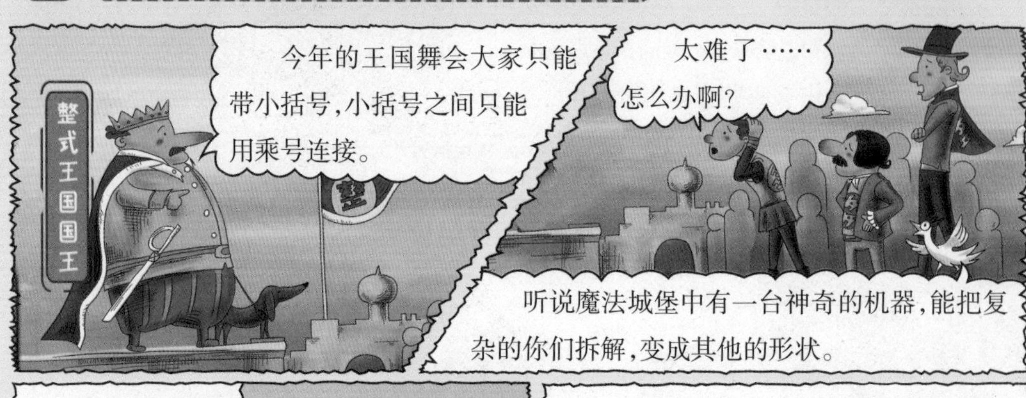

**整式王国国王**：今年的王国舞会大家只能带小括号,小括号之间只能用乘号连接。

太难了……怎么办啊?

听说魔法城堡中有一台神奇的机器,能把复杂的你们拆解,变成其他的形状。

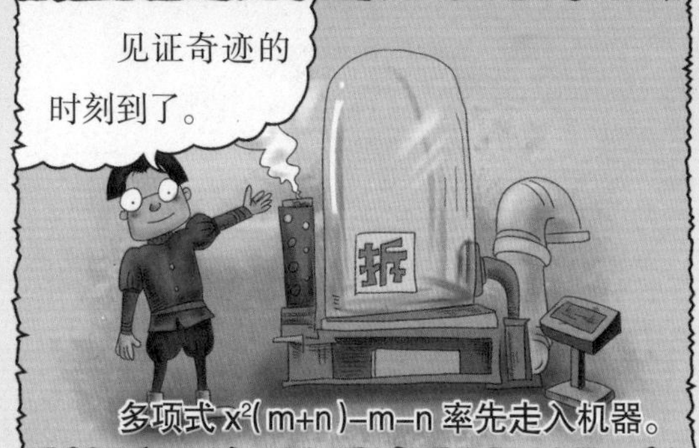

见证奇迹的时刻到了。

多项式 $x^2(m+n)-m-n$ 率先走入机器。

先提取相同公因式 $m+n$,多项式变成$(m+n)(x^2-1)$;拆卸不完全,运用平方差公式,多项式变成 $(m+n)(x+1)(x-1)$,分解完全。如需变回,请按 return 键。

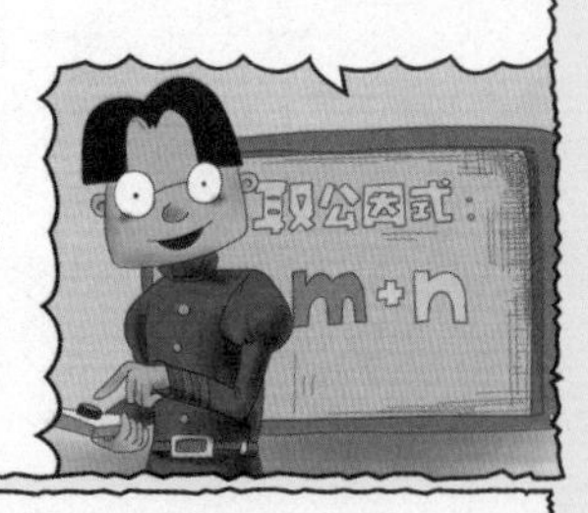

$(3x+2)(x-5)+2(4x-9)$ 进入机器。

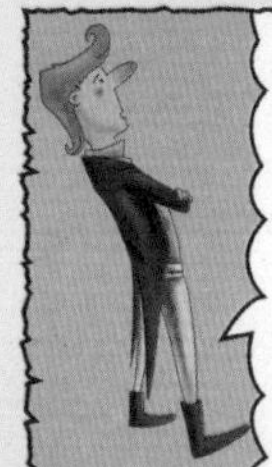

整理式子,变为 $3x^2-13x-10+8x-18$,化简为 $3x^2-5x-28$。这回你试一下。

无公因式提取,先整理。

好的,我试试。

快看,多项式瞬间变成$(x-4)(3x+7)$,机器也显示分解完全了。

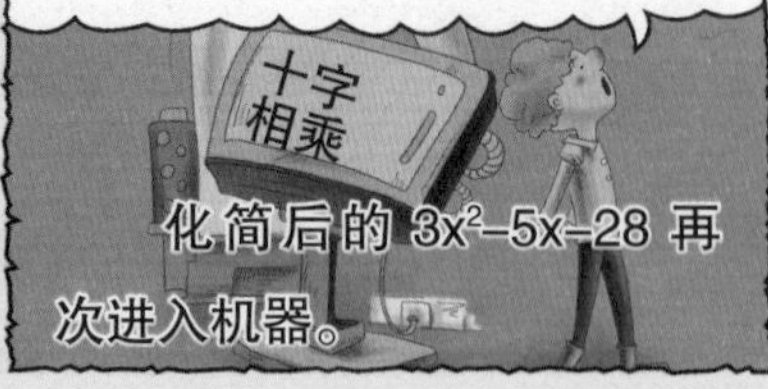

化简后的 $3x^2-5x-28$ 再次进入机器。

从前有一个吝啬的地主……

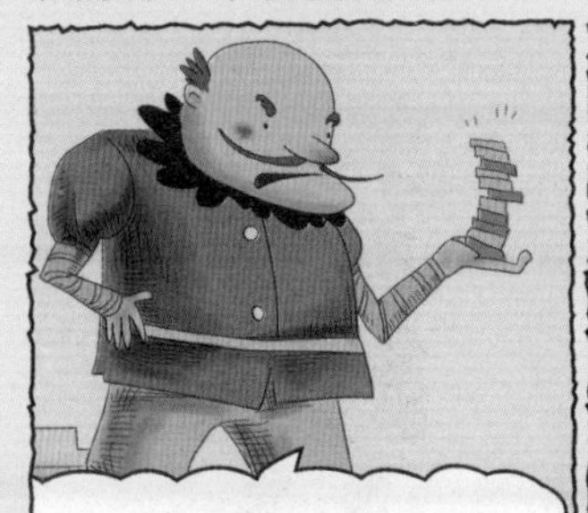

这钱你们要分开来领，要不然就不给你们了。

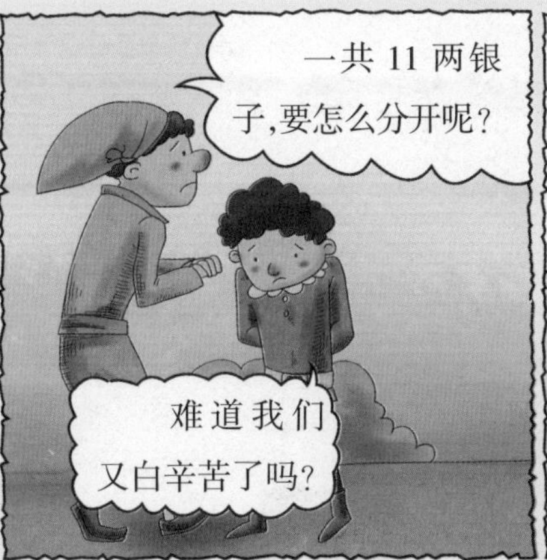

一共 11 两银子，要怎么分开呢？

难道我们又白辛苦了吗？

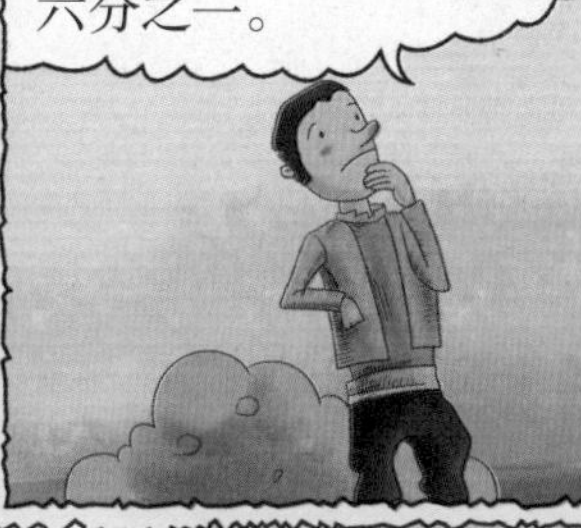

我能得到总钱数的二分之一，二弟能得四分之一，小弟应该得到六分之一。

我借你们 1 两银子，这回就有 12 两银子了。你们带着去找地主，剩下的再还给我。

谢谢爷爷！我先给地主 1 两银子，这样我们就能分工钱了，我领 6 两。

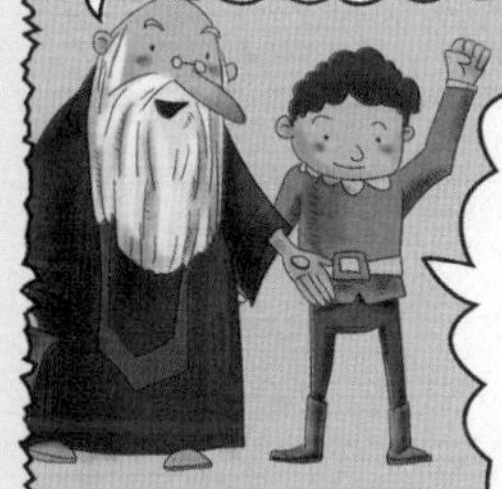

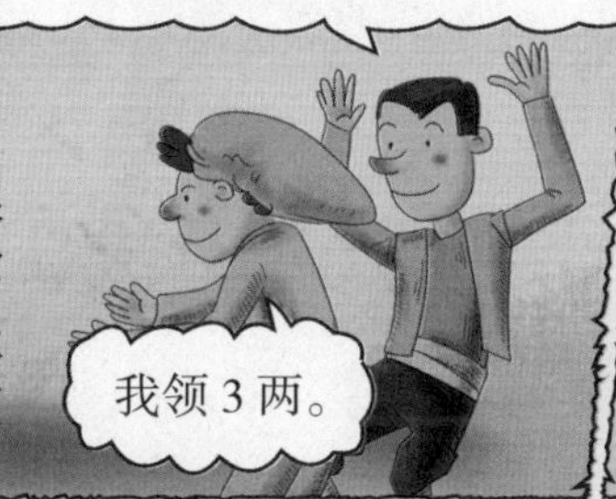

我领 2 两，还有大哥给地主的 1 两，我也得拿回来。

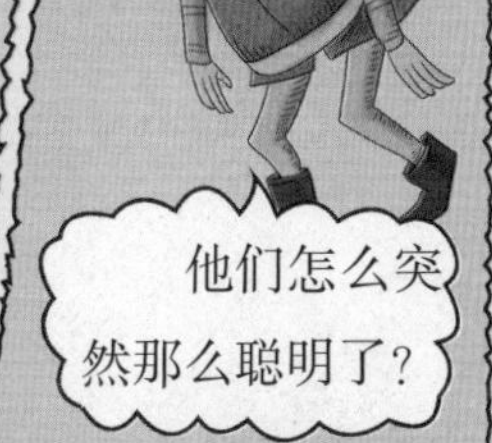

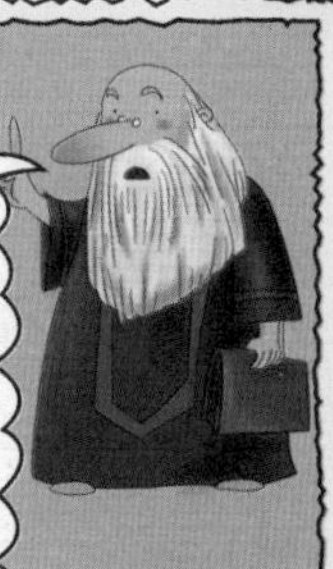

我领 3 两。

他们怎么突然那么聪明了？

在多项式的分解中有时也需要用到这种"拆项添项法"。比如 $x^3-9x+8$，把常数 8 拆成 -1 加 9 的形式，于是变成 $x^3-9x-1+9=(x^3-1)-9x+9=(x-1)(x^2+x+1)-9(x-1)=(x-1)(x^2+x-8)$，就轻松化解了。

**疯狂的小笨熊说**

因式分解的方法包括提公因式法、运用公式法、分组分解法、十字相乘法。

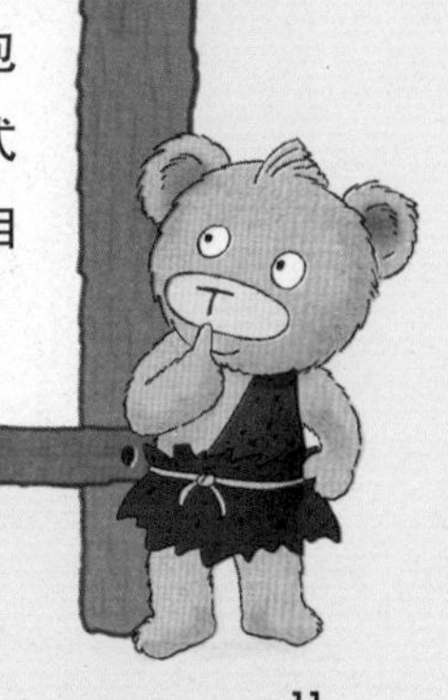

# 不相等的式子是如何解出答案的？

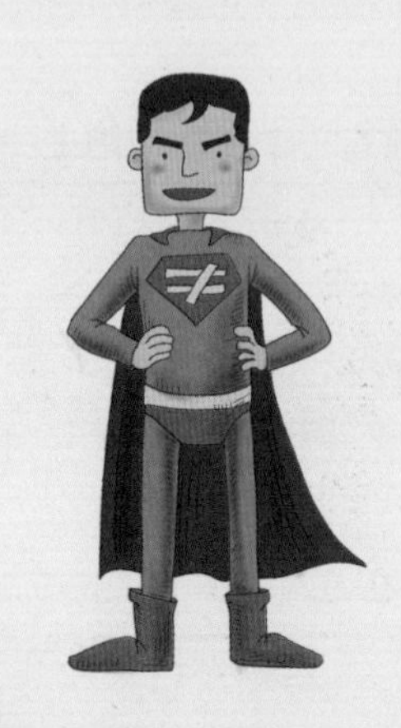

不等式

> 左右两边都是整式，只含有一个未知数，且未知数的最高次数是 1 的不等式叫"一元一次不等式"。

学了等式，老师说还有不等式，不过什么是不等式呢？

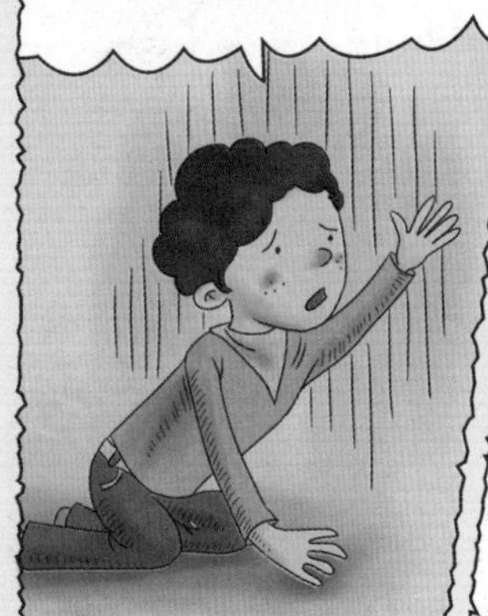

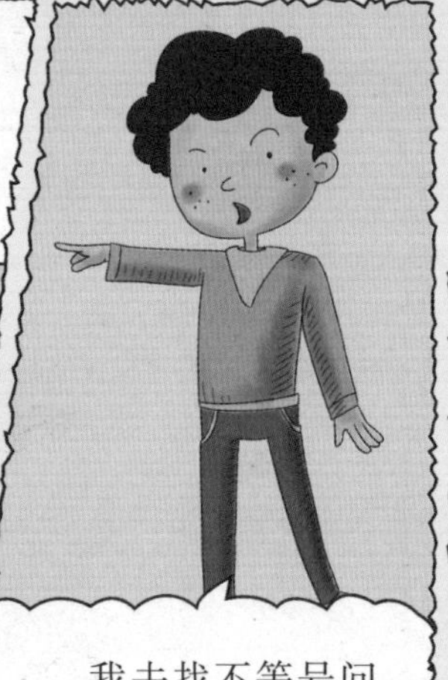

我去找不等号问一问！

## 疯狂的小笨熊说

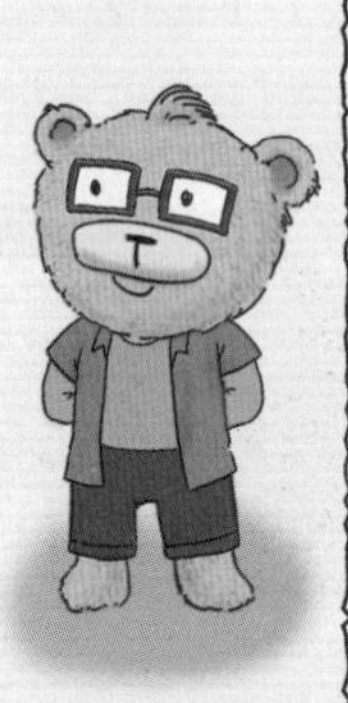

用符号"<"或">"表示大小关系的式子，叫作"不等式"。

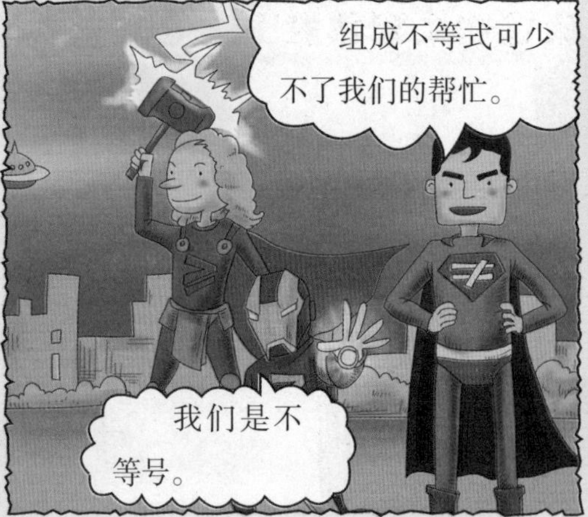

组成不等式可少不了我们的帮忙。

我们是不等号。

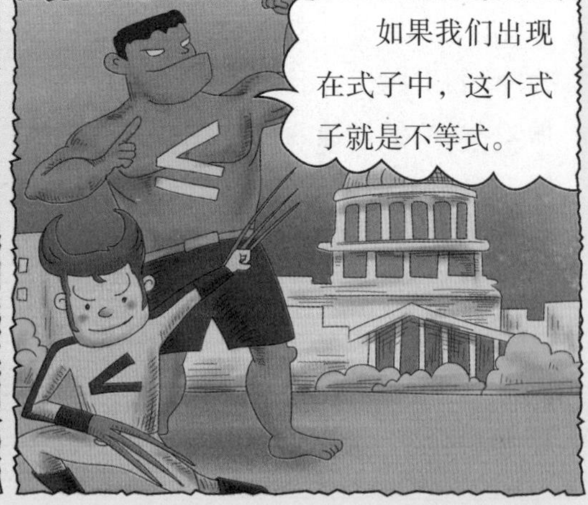

如果我们出现在式子中，这个式子就是不等式。

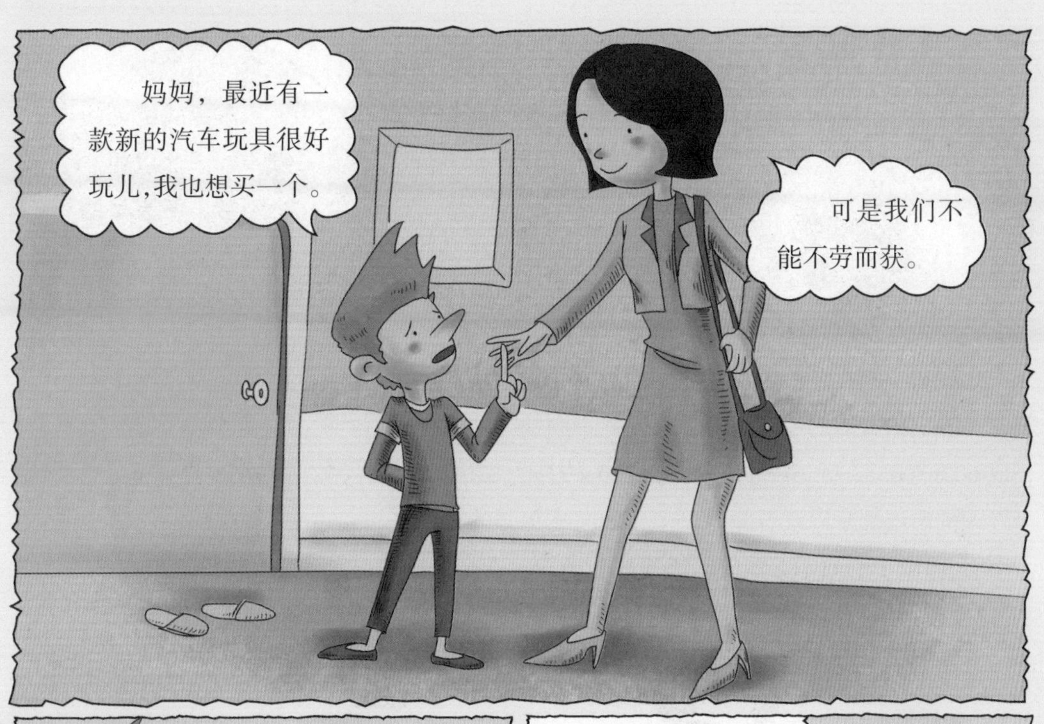

妈妈，最近有一款新的汽车玩具很好玩儿，我也想买一个。

可是我们不能不劳而获。

妈妈，我帮你做家务吧！

好，那妈妈多给你些零花钱！

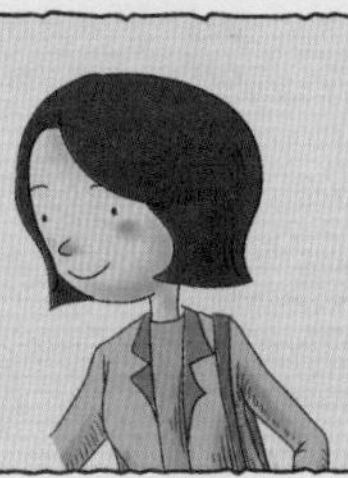

我妈妈也给我涨了100元零花钱！

小刚

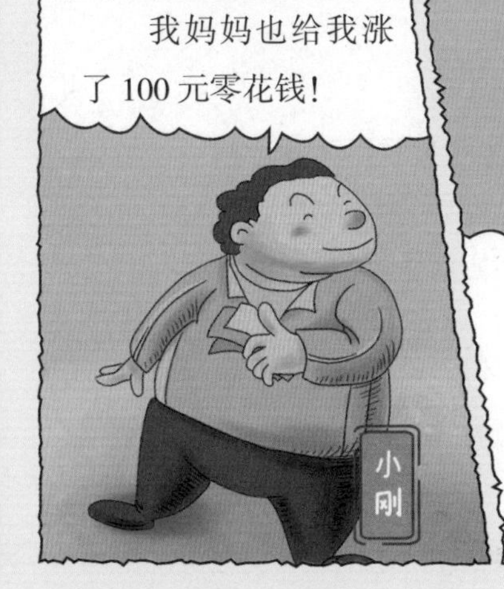

100<200

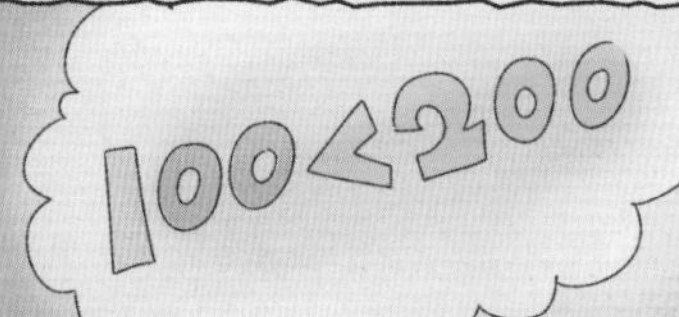

原来咱俩的零花钱可以列不等式 100 元 <200 元，现在都涨了 100 元，不等式两边同时加上或减去同一个整式，不等号的方向不变，你的零花钱还是比我多啊！

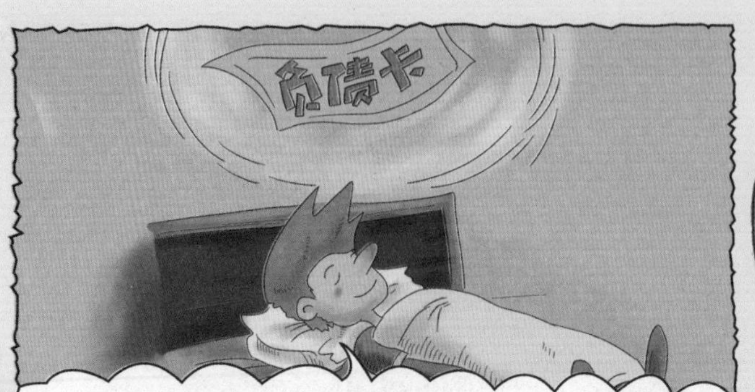

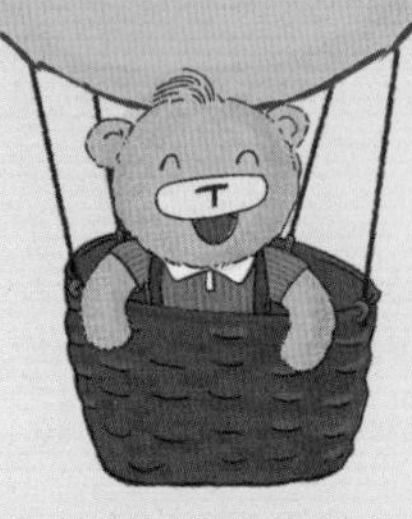

不等式的两边都乘以或除以同一个负数，不等号的方向改变。

　　我和小刚在考试中都考进了前五名，于是我们的家长决定给我们的零花钱翻番，因此小刚的零花钱变成 600(300×2)元，我的变成 400(200×2)元。由于不等式的两边都乘以或者除以一个正数，不等号的方向不变，所以小刚的零花钱仍然比我多。

我的等号被人换成了"<"！

你变成了不等式！

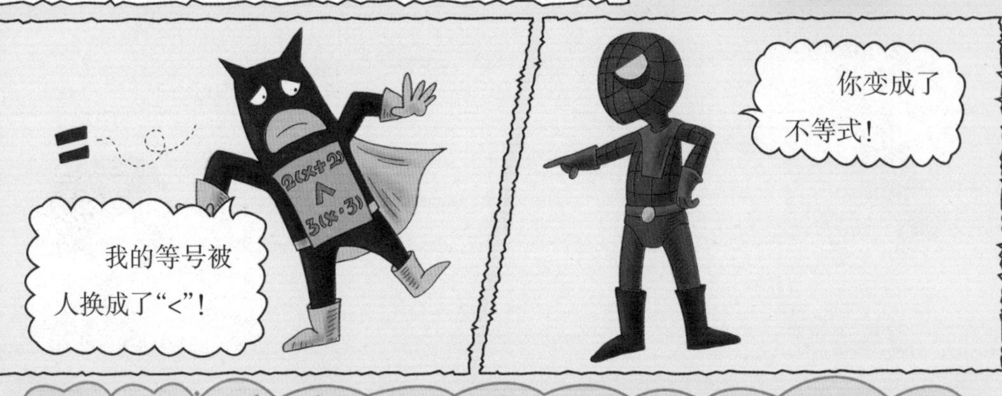

　　一元一次不等式和一元一次方程的破解方法既有联系又有区别。一元一次不等式的特点是左右两边都是整式，只含有一个未知数，且未知数的最高次数是 1。我们根据一元一次方程的破解方法就可以解出不等式，破解方式依旧是去括号，然后合并同类项。

不等式的解集会用数轴表示。

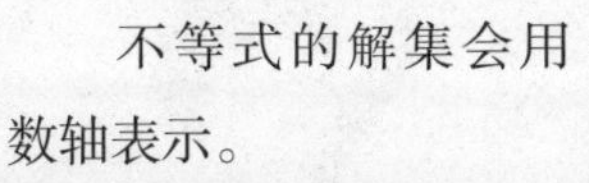

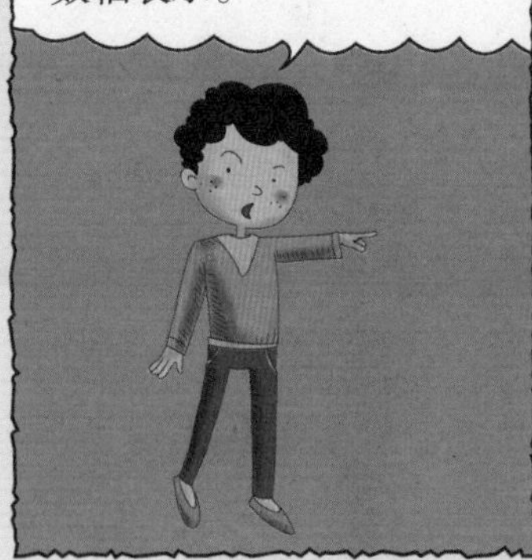

大于 13,就在表示 13 的点上画一个空心圆圈,大于且等于 13 的话就把圆圈画为实心!

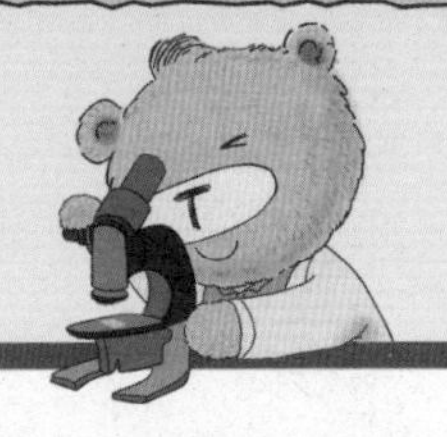

**你知道吗!**

关于同一个未知数的几个一元一次不等式合在一起,就组成了"一元一次不等式组"。一元一次不等式组中,各个不等式的解集的公共部分,叫作这个"一元一次不等式组的解集"。如果这些不等式的解集无公共部分,则这个不等式组无解。

我应该以多快的速度驾驶才不违法呢?

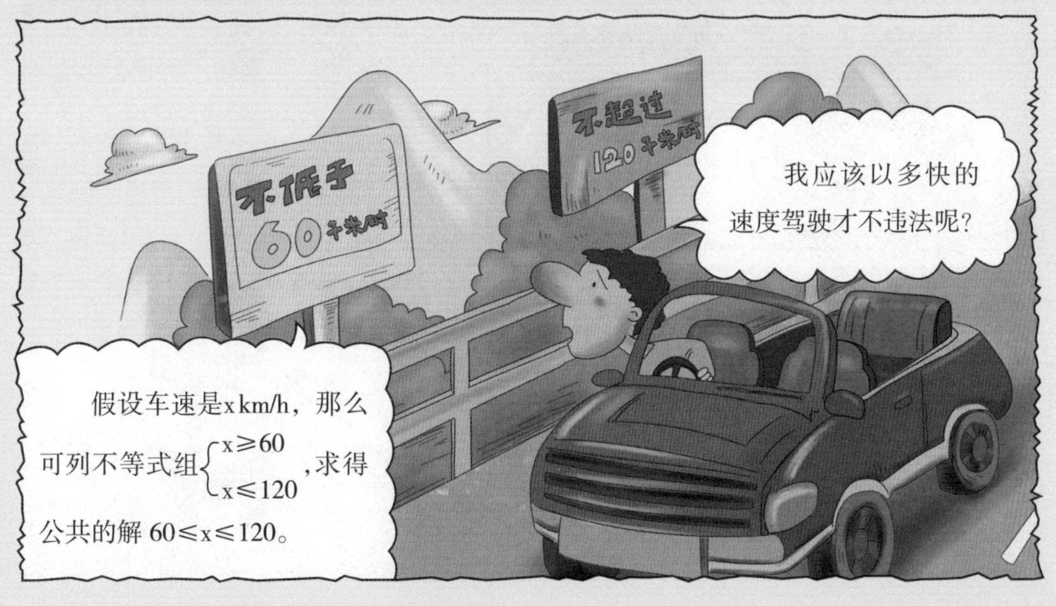

假设车速是 x km/h,那么可列不等式组 $\begin{cases} x \geq 60 \\ x \leq 120 \end{cases}$,求得公共的解 $60 \leq x \leq 120$。

# 小航是如何学会解不等式的？

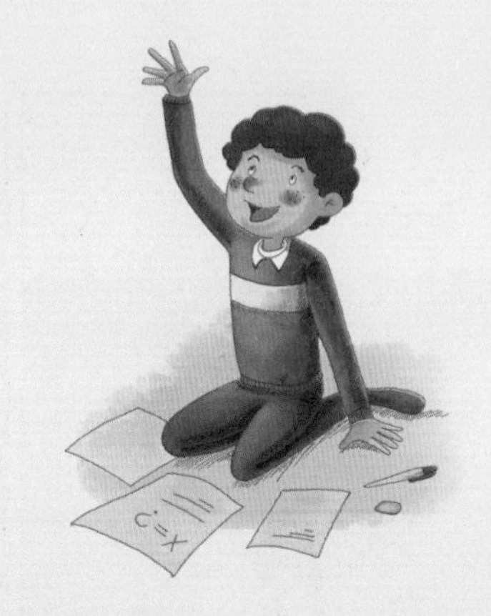

**解集**　　一个含有未知数的不等式的所有解,组成这个"不等式的解集"。

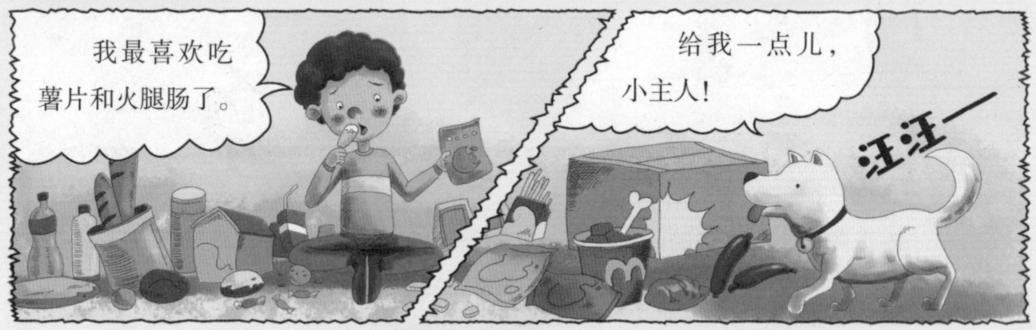

我最喜欢吃薯片和火腿肠了。

给我一点儿,小主人!

汪汪——

小朋友,每包薯片 4 元,火腿肠每根 3 元,你要多少?

我有 32 元,要 4 包薯片!还能买多少根火腿肠呢?

我已经买了 4 包单价为 4 元的薯片,合计 $4 \times 4 = 16$(元),假设我还能买 x 根火腿肠,而我手中只有 32 元,因此买的东西不能超过 32 元,所以可列不等式 $16 + 3x \leq 32$,解得 $x \leq \dfrac{16}{3}$。由于不能把火腿肠掰开,所以只能取整数,满足的数字有 0、1、2、3、4、5。

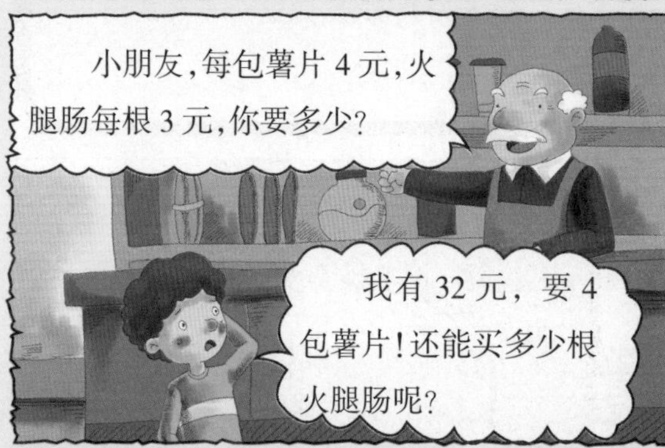

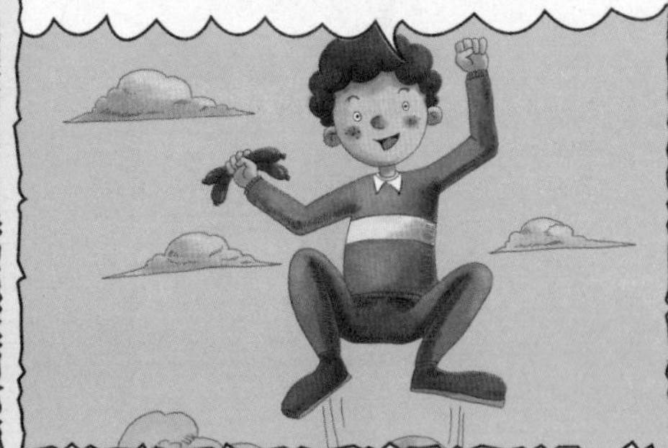

糟了,错过了篮球比赛!太阳队和国王队到底谁赢了呢?

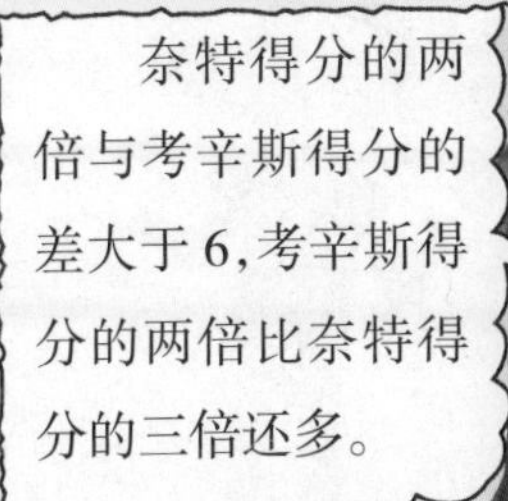

奈特得分的两倍与考辛斯得分的差大于6,考辛斯得分的两倍比奈特得分的三倍还多。

妈妈说这场比赛国王队的考辛斯比太阳队的奈特多得了8分。

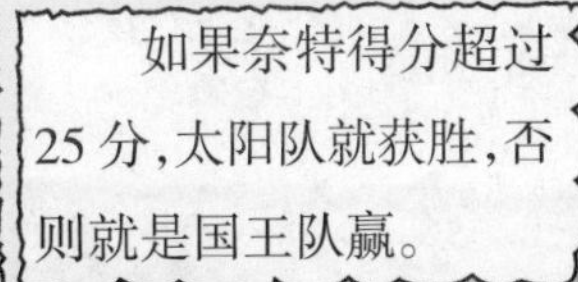

如果奈特得分超过25分,太阳队就获胜,否则就是国王队赢。

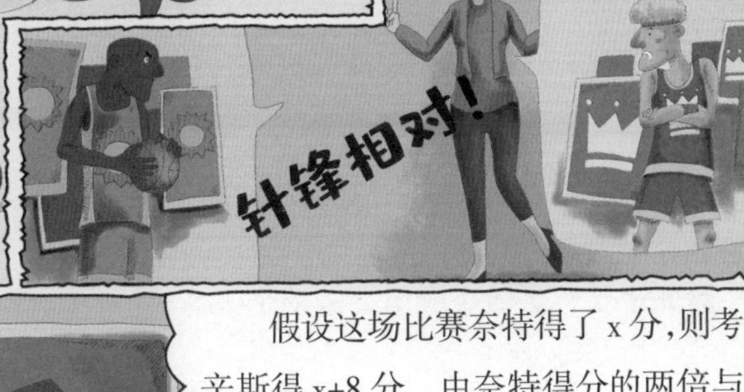

针锋相对!

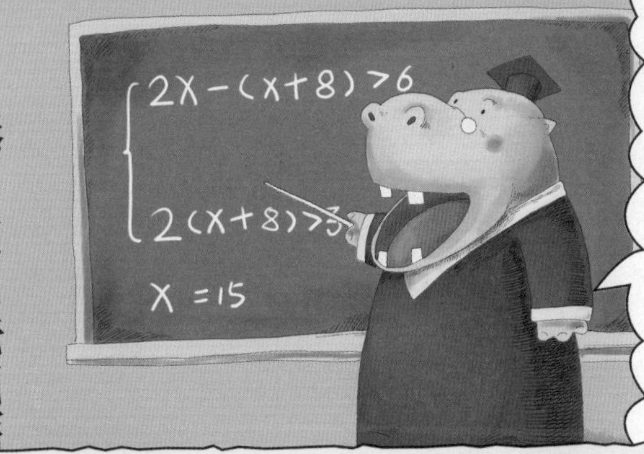

假设这场比赛奈特得了 x 分,则考辛斯得 x+8 分,由奈特得分的两倍与考辛斯得分的差大于6;得出 2x-(x+8) >6,由考辛斯得分的两倍比奈特得分的三倍还多,得出 2(x+8)>3x。组合起来就是不等式组 $\begin{cases} 2x-(x+8)>6 \\ 2(x+8)>3x \end{cases}$,解得 14<x<16,x 是整数,所以 x=15,奈特得分为 15 分!

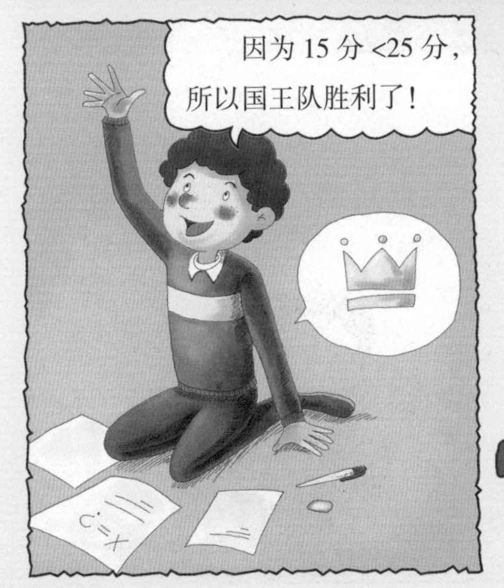

因为 15 分 <25 分,所以国王队胜利了!

## 疯狂的小笨熊说

不等式的应用:根据实际问题列不等式并求解,主要有以下环节:(1)审题,找出不等关系;(2)设未知数;(3)列出不等式;(4)求出不等式的解集;(5)检验和作答。

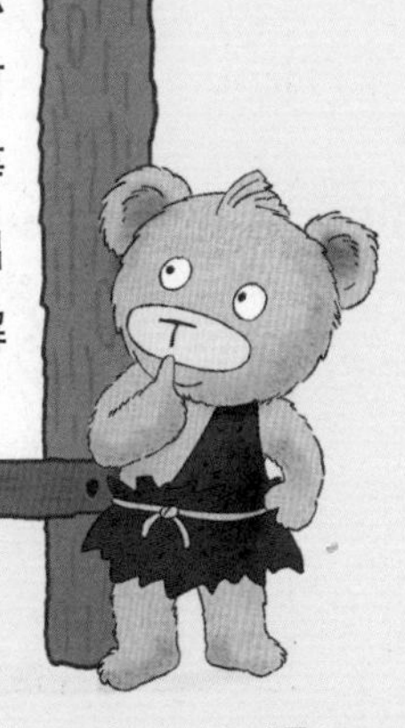

# 哪种"数"
# 其实并不是"数"？

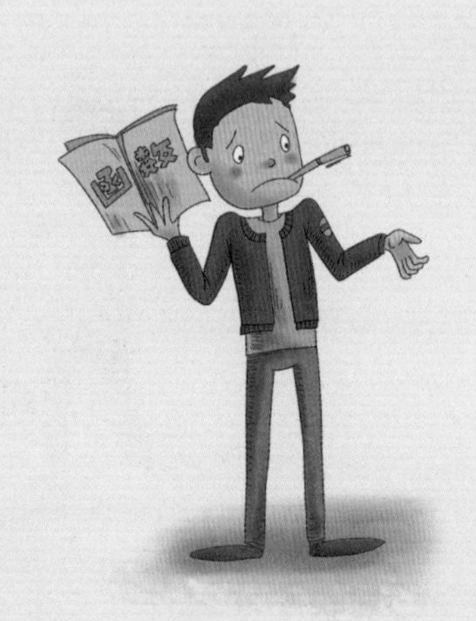

**函数**

　　函数不是一种独立的数，而是一种数与数的依赖关系。

　　首先来了解函数中最重要的两个概念。

我能够72变，在一个变化过程中，数值发生变化的量为"变量"。

我可不会72变，数值始终不变的量为"常量"。

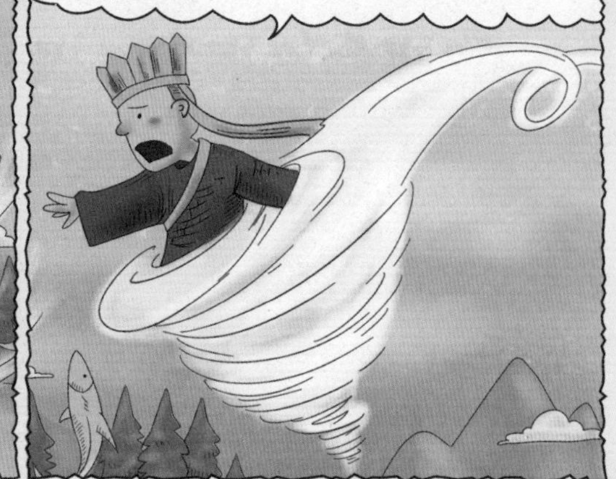

　　起步价是8元，这是不变的量，所以它是"常量"。行驶距离的长短和计价器上的费用的多少是一直变化的，所以它们是"变量"。

我的钱足够支付我到家的车费吗？

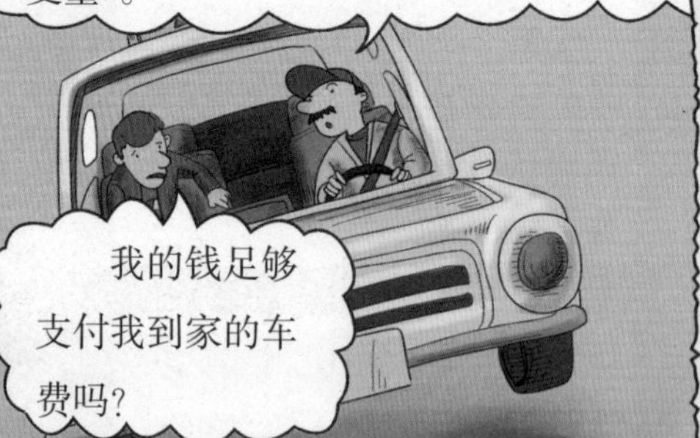

　　在一个变化过程中，如果有两个变量x、y，对于x的每一个值，y都有唯一的值与其对应，那么就说x是"自变量"，y是"因变量"，此时也称y是x的"函数"。

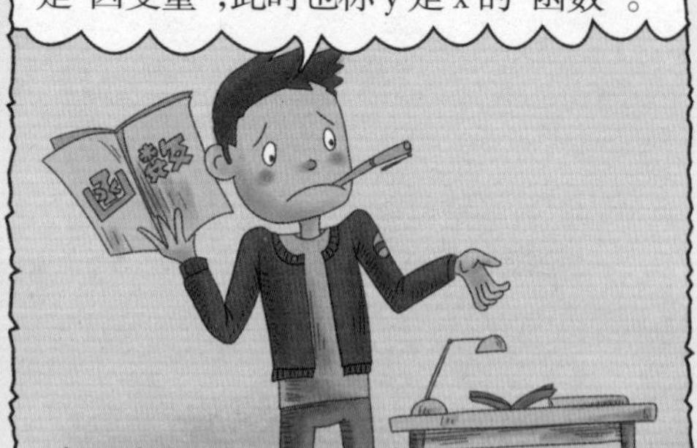

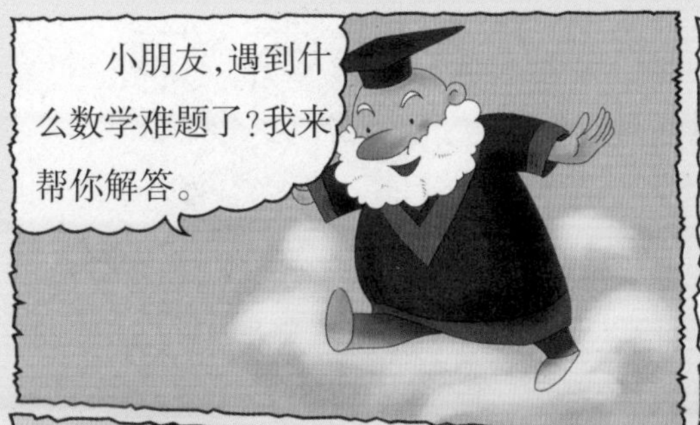

小朋友,遇到什么数学难题了?我来帮你解答。

函数中,起主导作用的量,也就是先变化的量是"自变量",受到自变量影响而变化的量就叫作"因变量"。而且对于 x 的每一个值,y 都有唯一的值与其对应,如果你看见一个变量 x 对应两个 y 值,那么它一定不是函数。

智慧博士,如何区分自变量和因变量呢?

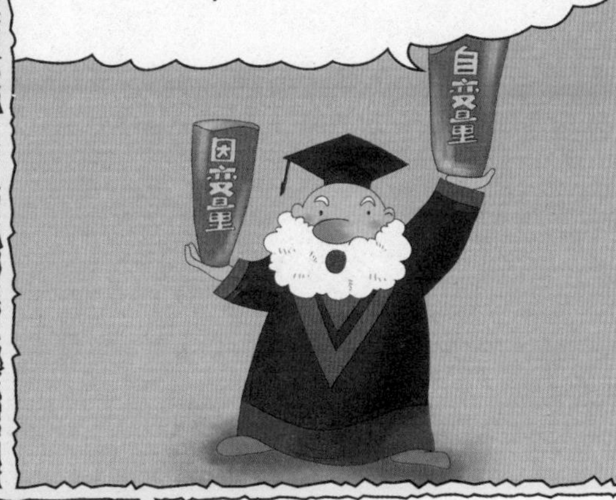

函数的图象长什么样子呢?

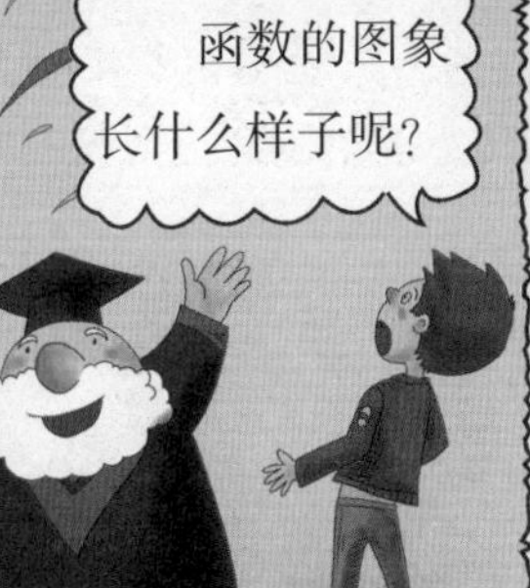

这个是 y=3x+1 的图象,因为有两个变量,并且 x 的每一个值,y 都有唯一的值与其对应,所以这就是函数的图象。

常见的函数图象有 3 种,分别为正比例函数图象、反比例函数图象和一次函数图象。

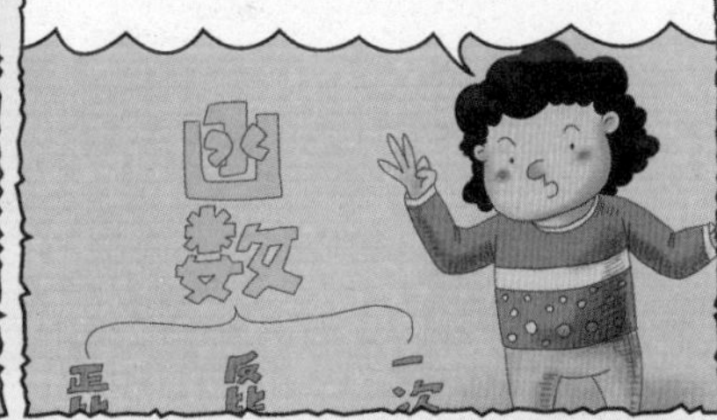

## 聪明的小笨熊说

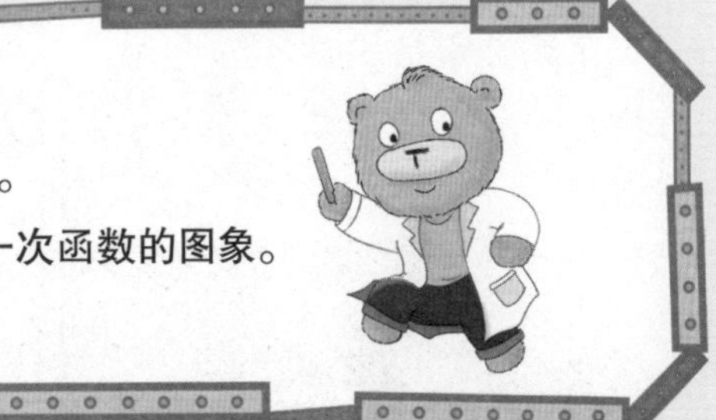

1.函数的表示方法:解析法、列表法、图象法。

2.函数图象包括正比例函数、反比例函数、一次函数的图象。

# 离家出走的假命题能找到回家的路吗？

**命题**

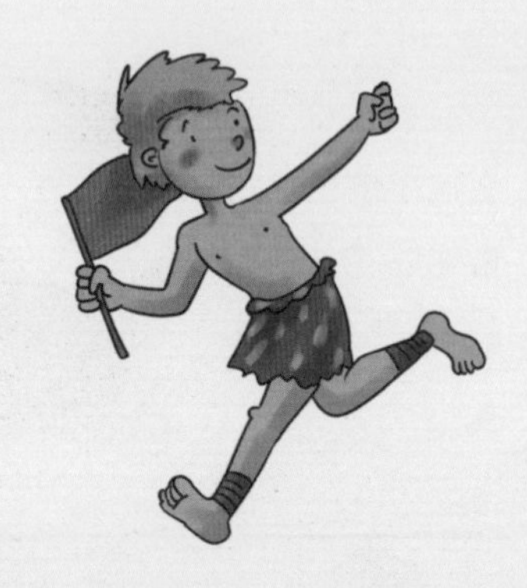

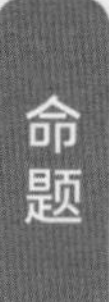

命题必须是一个完整的句子，它必须对事情作出肯定或否定的判断。

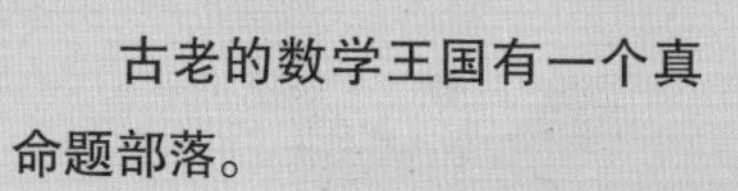

古老的数学王国有一个真命题部落。

生活在部落里的都是质朴的真命题。

这里是真命题部落。

我们在巡逻时发现这个小孩子鬼鬼祟祟的，就把他抓起来了。

我是命题：四边形是正方形。

命题是判断一件事情的句子，由题设和结论两部分组成。通常写成"如果……那么……"的形式，你符合这一规定吗？

命题必须是一个完整的陈述句，有题设和结论。

陈述句
题设
结论

命题还有真假之分。如果题设成立，那么结论一定成立的命题叫作"真命题"；命题中题设成立时，不能保证结论一定成立的命题，就叫作"假命题"。

真命题！

假命题！

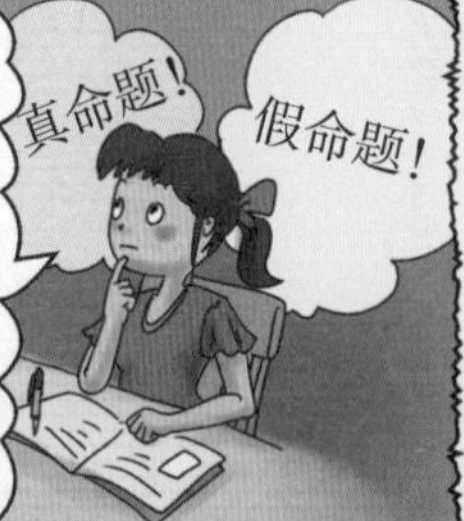

把这个陌生人的话改变一下形式，就变成了"如果一个图形是四边形，那么这个图形是正方形"。

如果一个图形是四边形，那这个图形还可以是平行四边形或者长方形等，有反例，说明这个陌生人的话是假命题。

四边形可不都是正方形！快到我这里来找找反例吧。

我是假命题部落的居民，因为和家人吵架了，所以跑了出来，结果迷路了。

我回来了！

孩子，可找到你了！

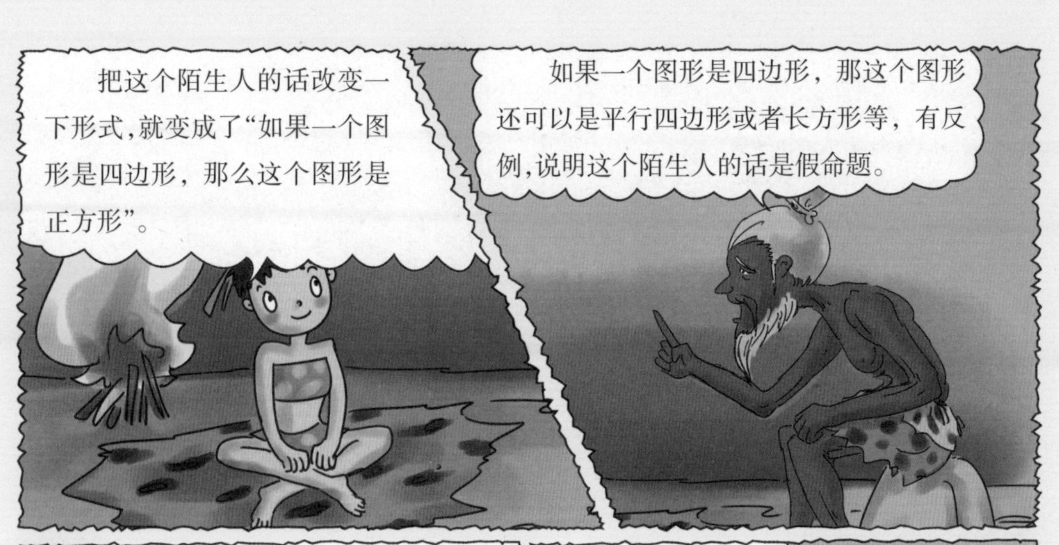

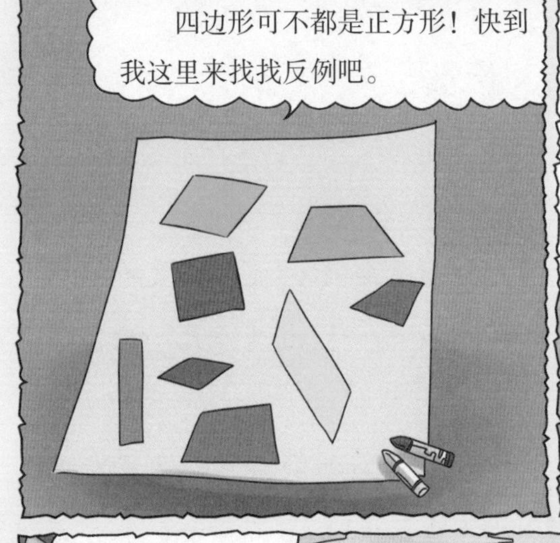

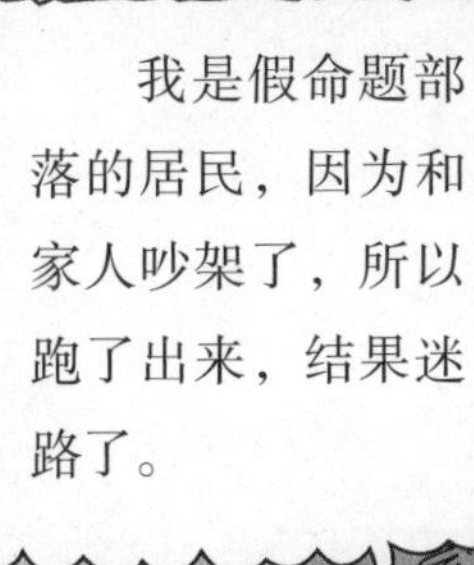

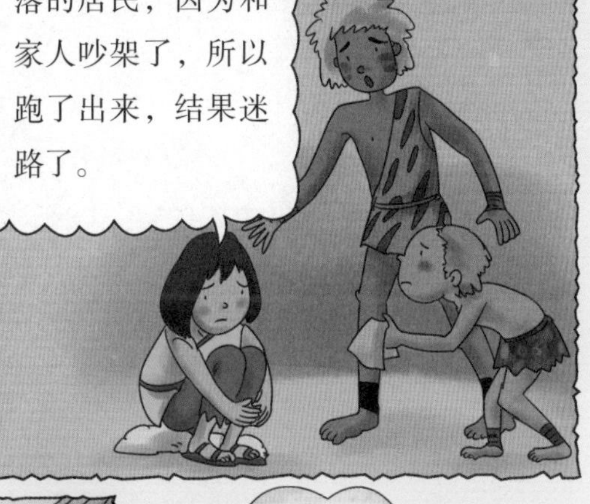

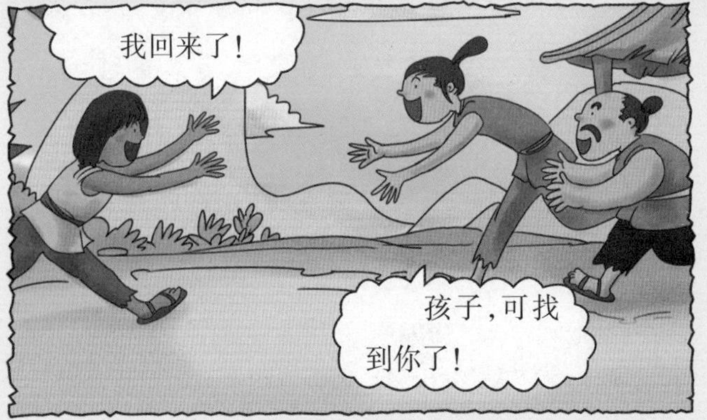

表示疑问或是命令的句子都不是命题，命题必须是陈述句。

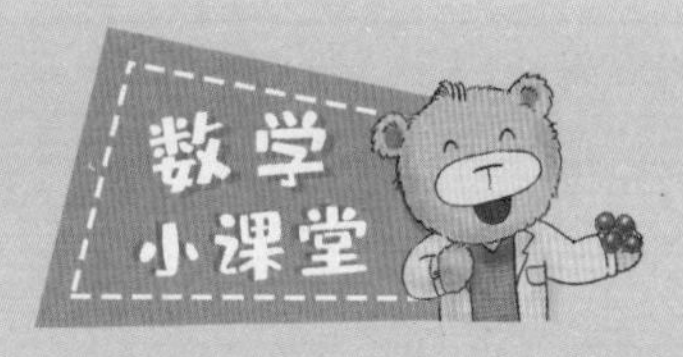

## 关于一元一次不等式（组）

一元一次不等式解题的一般步骤:去分母,去括号,移项时要变号,同类项,合并好,再把系数来除掉,两边除(以)负数时,不等号改向别忘了。

一元一次不等式组的解集,巧记:同大取大,同小取小,大小小大中间找,大大小小无处找。

## 函数和不等式

一次函数与一元一次不等式的关系:一次函数 $y = kx + b (k \neq 0)$,当 $y > 0$ 时,成为一元一次不等式 $kx + b > 0$;当 $y < 0$ 时,成为一元一次不等式 $kx + b < 0$。

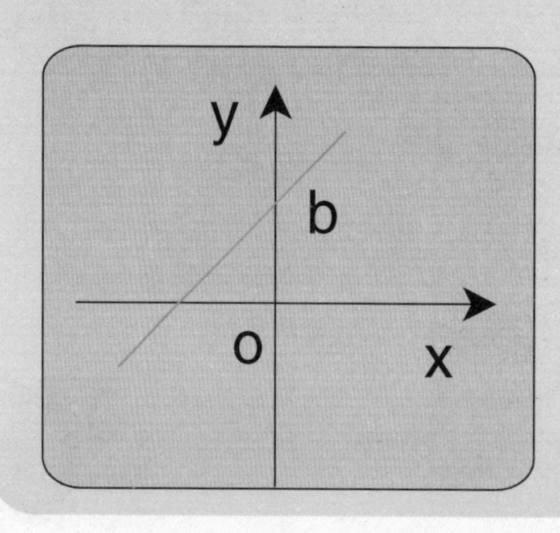

$kx + b > 0$ 的解集是一次函数的函数值为正值时,自变量 x 的取值范围,对应函数的图象在 x 轴的上方; $kx + b < 0$ 的解集是一次函数的函数值为负值时,自变量 x 的取值范围,对应函数的图象在 x 轴的下方。

▲当 x=0 时,b 为函数在 y 轴上的截距。

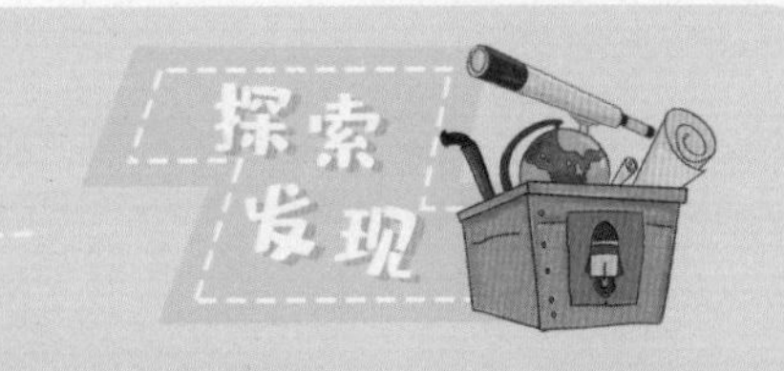

# 深入了解绝对值

1.绝对值具有非负性,取绝对值的结果总是正数或0。

2.任何一个数的绝对值都不小于这个数,也不小于这个数的相反数。

3.任何一个有理数都由两部分组成:符号和它的绝对值。

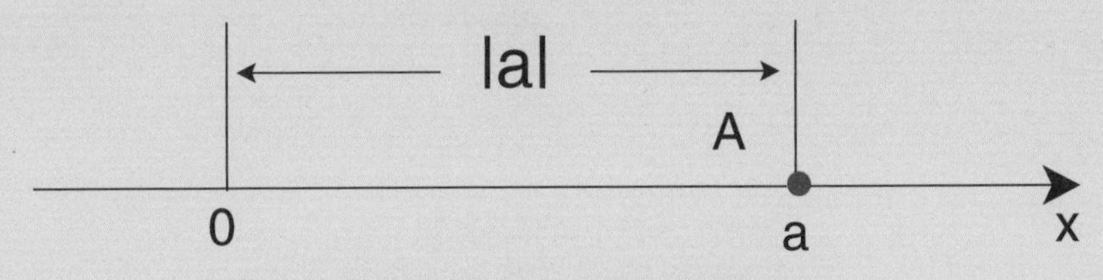

▲ $|a|$ 的几何意义是点 A 到原点的距离。

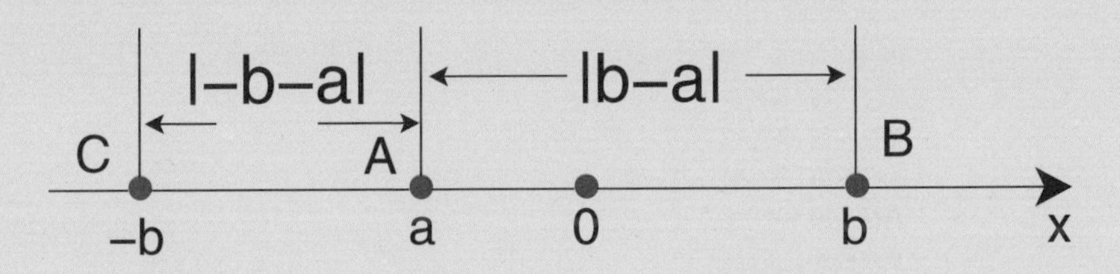

▲ $|-b-a|$ 的几何意义是点 A 和点 C 间的距离,$|b-a|$ 表示点 A
和点 B 间的距离。

# 描点法画函数图象的一般步骤如下:

1.列表:列表给出自变量与函数的一些对应值。

2.描点:以表中每对对应值为坐标,在坐标内描出相应的点。

3.连线:按照自变量由小到大的顺序,把所描的各点用平滑的
曲线连接起来。

图书在版编目(CIP)数据

小笨熊这就是数理化. 这就是数理化. 2 / 崔钟雷主
编. -- 哈尔滨：黑龙江美术出版社，2021.4
（疯狂的十万个为什么系列）
ISBN 978-7-5593-7259-8

Ⅰ. ①小… Ⅱ. ①崔… Ⅲ. ①数学－儿童读物②物理
学－儿童读物③化学－儿童读物 Ⅳ. ①O-49

中国版本图书馆 CIP 数据核字(2021)第 058166 号

书 名 / 疯狂的十万个为什么系列
FENGKUANG DE SHI WAN GE WEISHENME XILIE
小笨熊这就是数理化 这就是数理化 2
XIAOBENXIONG ZHE JIUSHI SHU-LI-HUA
ZHE JIUSHI SHU-LI-HUA 2
--------------------------------------------------------
出 品 人 / 于 丹
主 编 / 崔钟雷
策 划 / 钟 雷
副 主 编 / 姜丽婷 贺 蕾
责任编辑 / 郭志芹
责任校对 / 徐 研
插 画 / 李 杰
装帧设计 / 稻草人工作室
出版发行 / 黑龙江美术出版社
地 址 / 哈尔滨市道里区安定街 225 号
邮政编码 / 150016
发行电话 / (0451)55174988
经 销 / 全国新华书店
印 刷 / 临沂同方印刷有限公司
开 本 / 787mm×1092mm 1/32
印 张 / 9
字 数 / 300 千字
版 次 / 2021 年 4 月第 1 版
印 次 / 2021 年 4 月第 1 次印刷
书 号 / ISBN 978-7-5593-7259-8
定 价 / 240.00 元(全十二册)

本书如发现印装质量问题，请直接与印刷厂联系调换。